フィールドワークで世界を見る
──ひと・社会・まちを知るための11のアプローチ──

東洋大学重点研究推進プログラム研究プロジェクト
東洋大学国際共生社会研究センター編

朝倉書店

執筆者一覧 （執筆順）

*松丸　亮	東洋大学国際学部	
*岡本郁子	東洋大学国際学部	〈1, 8 章〉
中村香子	東洋大学国際学部	〈1, 2 章〉
鈴木鉄忠	東洋大学国際学部	〈3章〉
小野道子	東洋大学社会福祉デザイン学部	〈4章〉
沼尾波子	東洋大学国際学部	〈5章〉
坪田建明	東洋大学国際学部	〈6章〉
藪長千乃	東洋大学国際学部	〈7章〉
金子聖子	東洋大学国際学部	〈9章〉
志摩憲寿	東洋大学国際学部	〈10章〉
岡村敏之	東洋大学国際学部	〈11章〉
荒巻俊也	東洋大学国際学部	〈12章〉

＊は編集代表
上記執筆者は東洋大学国際共生社会研究センターの研究員です.

まえがき

　本書を手に取った読者のみなさんの多くは，これからフィールドワークを始める人であったり，フィールドワークを学んでみたいと思っている人だと思います．一言でフィールドワークといっても，人びととともに生活をしながらさまざまなものを発見していくプロセスであったり，まちを歩きつぶさに観察することで，そのまちや地域が持つ特徴を理解しようとする行為であったりと，対象とするものや空間的な広がりはさまざまです．

　フィールドワークは，研究の現場に行き，実際に人びとに触れながら，あるいは現地の状況を確認しながらデータを取ることができるという理由から，さまざまな研究分野で重要な研究手法のひとつとなっています．そのため，フィールドワークの技法を扱う書籍も数多く出版されていますが，その多くは，ある特定の学問分野におけるフィールドワークを扱うものであって，さまざまな分野のフィールドワークを広く扱った入門書的なものは限られています．

　本書の執筆者が所属する東洋大学国際共生社会研究センター（以下，センター）は，2001年の創設以来，持続可能な社会に貢献するための研究活動をフィールドに根差した形で継続している研究組織です．センターに所属する研究員の専門分野は幅広く，同じセンターに所属する研究員でも全く異なったタイプのフィールドワークを行いながら研究をしており，共同で研究を行う際には，研究者同士でも異なった分野のフィールドワークについて学ぶことが多くありました．このような経験から，幅広い分野のフィールドワークの技法を一つにまとめ書籍化することは，フィールドワーク初心者のみならず，多分野で共働して研究する際にも有益なものになるものと考え，本書を企画しました．

　前述のように本書は，すでにフィールドワークを通じた研究を行っている人にも読んでいただくことを想定していますが，主たる読者層を「フィールドワーク初心者」としています．より具体的には，大学の学部講義でフィールドワークを学び始めた人，卒業研究や修士研究におけるフィールドワークの内容について具体的なイメージを持ちたい人などに読んでほしいと考えています．

本書は 4 部構成になっていますが，第 1 部では，主たる読者層である，フィールドワーク初心者のために，フィールドワークについての基本をなるべくわかりやすく解説しています．フィールドワークの心構えや基本的な作法といったものをここで理解してください．第 II 部から第 IV 部は，フィールドワークを通じた研究手法について解説しています．研究対象を大きく 3 つにわけ，それぞれで関連する合計 11 の分野（「人びととコミュニティ」：文化人類学，コミュニティ，移民社会，「社会の仕組み」：行政，経済活動，福祉や社会，途上国の農村経済・社会，教育，「まちづくり計画」：都市計画，交通，環境）で具体的な研究事例を示しながらフィールドワーク手法の解説をしています．順番に読み進めていただいても構いませんし，興味のある章のみを読んでいただいても構いません．どの章においても，研究手法だけでなく執筆者が経験した具体的事例を示してありますので，実際に行ったフィールドワークの内容とそれによって得られた研究成果を具体的にイメージできると思います．

ぜひ本書を手にフィールドワークへの第一歩を踏み出してください．

2024 年 8 月

松丸　亮・岡本郁子

目　　次

[Ⅰ　フィールドワークとは]

第1章　フィールドワークとは？ ……………………〔岡本郁子・中村香子〕… *2*

1.1　フィールドワークとは ………………………………………………… *3*

1.2　フィールドワークのステップ ………………………………………… *8*

[Ⅱ　人びととコミュニティを理解するためのフィールドワーク]

第2章　人類学のフィールドワーク ——「想定の外」への終わりなき旅——

……………………………………………………〔中村香子〕… *22*

2.1　人類学のフィールドワークとは ……………………………………… *22*

2.2　ケニアの牧畜社会 ——圧倒的な異文化との出会い—— …………… *22*

2.3　素朴な疑問をリサーチ・クエスチョンに叩き上げる ……………… *24*

2.4　とにかく計ったり，数えたり…… ——「主観」を「客観」にする—— … *24*

2.5　フィールドワークの開始 ……………………………………………… *25*

2.6　フィールドワーク後の発見 …………………………………………… *31*

2.7　「他者」の世界観をとおして自己と向き合う ……………………… *32*

第3章　コミュニティのフィールドワーク …………………〔鈴木鉄忠〕… *34*

3.1　共同体とはどのようなものだったか ………………………………… *35*

3.2　現代のコミュニティとはどのようなものか ………………………… *36*

3.3　現代のコミュニティをどうフィールドワークするか ……………… *38*

第4章　移民社会のフィールドワーク ——カラーチーの「ベンガリー」移民——

………………………………………………………〔鈴木鉄忠〕… *44*

4.1　私のフィールド ——パキスタン カラーチー市—— ………………… *44*

4.2　「ベンガリー」と呼ばれる人びと …………………………………… *45*

4.3　「ベンガリー」の人びとについてのフィールドワーク …………… *47*

4.4 「ベンガリー」の人たちへのフィールドワークで大切にしていること……*50*

4.5 移民社会のフィールドワークの醍醐味……………………………………*53*

[Ⅲ　社会の仕組みを理解するためのフィールドワーク]

第5章　行政を理解するためのフィールドワーク………………〔沼尾波子〕…*56*

5.1 行政に対するフィールドワークの意義と方法………………………*56*

5.2 事例から学ぶ行政へのフィールドワーク………………………………*63*

第6章　経済活動を理解するためのフィールドワーク…………〔坪田建明〕…*68*

6.1 公式統計を用いた研究…………………………………………………………*69*

6.2 インターネット上で入手可能なデータ………………………………*71*

6.3 独自アンケート調査……………………………………………………………*72*

6.4 外れ値の扱い………………………………………………………………………*74*

第7章　福祉や社会を理解するためのフィールドワーク…………〔藪長千乃〕…*76*

7.1 福祉や社会を理解するための多様なアプローチ…………………*76*

7.2 政策分析のためのフィールドワーク…………………………………*76*

7.3 インタビュー調査の設計と分析の方法………………………………*81*

7.4 研究成果から得られた知見をまとめる………………………………*86*

第8章　途上国の農村経済・社会を理解するためのフィールドワーク

……………………………………………………………………〔岡本郁子〕…*88*

8.1 農村調査を行うにあたって…………………………………………………*89*

8.2 農村調査の実例――ミャンマー農村金融市場の実態を明らかにする――

………………………………………………………………………………………………*93*

第9章　教育を理解するためのフィールドワーク………………〔金子聖子〕…*99*

9.1 比較教育学の手法………………………………………………………………*100*

9.2 フィールドワーク先の選択………………………………………………*101*

9.3 インタビューの準備…………………………………………………………*102*

9.4 インタビューの実施…………………………………………………………*103*

目　　次　　　*v*

9.5　フィールドワーク終了後 ……………………………………………… *105*

9.6　インタビューの事例 …………………………………………………… *106*

9.7　研究を進めるうえで …………………………………………………… *107*

[**Ⅳ　まちづくり計画のためのフィールドワーク**]

第10章　都市計画やまちづくり，地域づくりのフィールドワーク

………………………………………………………〔志摩憲寿〕… *110*

10.1　地区のベースマップを準備する ……………………………………… *110*

10.2　地区の現在を知る ……………………………………………………… *112*

10.3　地区の来歴を知る ……………………………………………………… *116*

10.4　フィールドワークに出かけよう ……………………………………… *119*

第11章　交通とまちづくりのフィールドワーク ……………〔岡村敏之〕… *120*

11.1　交通計画のための調査手法の基礎 …………………………………… *121*

11.2　プノンペン（カンボジア）における市内バスの利用意向調査の例 …… *124*

11.3　フィジーにおける都市内駐車マネジメントに関する調査の例 ………… *127*

第12章　環境とまちづくりのフィールドワーク ……………〔荒巻俊也〕… *131*

12.1　まちづくり計画と環境 ………………………………………………… *131*

12.2　公共水道の導入による水利用に関する意識の変化 ………………… *132*

12.3　セーシェルにおける廃棄物問題と市民の意識に関する調査 …………… *135*

参考書籍リスト …………………………………………………………… *141*

あとがき …………………………………………………………………… *145*

索　　引 …………………………………………………………………… *146*

I

フィールドワークとは

Ⅰ. フィールドワークとは

1 フィールドワークとは？

岡本郁子・中村香子

はじめに

　フィールドワークをなぜ行うのか．「研究」とは，「学術的な問い」を立て，それに対する答えを見出す，すなわち新たな「知」を創出することである．そして，フィールドワークはそのためのひとつの研究手法である．さらにいえば，フィールドワークは単に研究の手法にとどまらず，自分と異なる価値観・世界観との出会いをもたらしてくれるものでもある．他者の価値観や世界観を理解しようとするプロセスのなかで，新しい「問い」が生まれ，それを追及することで新しい「知」の創出につながるという好循環を生みうる．

　フィールドワークという手法は，未知なる土地，そこに住む人びととの社会・文化・生活をつぶさに理解するための，文化人類学の手法（参与観察）として生まれた．一定期間，調査対象地域に調査者自身が身を置き，調査対象地域の言語，文化を取得つつ，その地域の人びととともに「日常」を共に過ごすなかで，地域社会を内側から理解しようとしながら，発見を重ねていくというものである．こうした参与観察がフィールドワークの原型と言ってよい．

　その後，フィールドワークは，文化人類学だけでなく，多くの学問分野でも積極的に取り入れられるようになる．本章に続く，社会学，経済学，教育学，行政学，政治学，都市工学，環境学の分野でのフィールドワークを用いた研究の実例からもわかるように，学問分野や調査テーマに応じて，フィールドワークが主たる調査方法として，あるいは他の調査方法を補完するものとして用いられている．

　フィールドワークを用いる学問分野の拡がりにともなって，フィールドワークの方法や内容も多様化していった．そして，現在では，フィールドワークは，文献，資料収集とその分析といった事前準備と，実際に「フィールド」で実施するインタビュー，計測，観察などによる調査，そして調査後の結果の整理，分析までの一連の流れを指すものとして，広い意味で捉えられることが多い（京都大学

大学院アジア・アフリカ地域研究研究科・京都大学東南アジア研究所　2006, 岸他　2016). 本書でも，フィールドワークを，社会，人びとの暮らし，自然といったさまざまな研究対象を理解するための実態調査を核とする，一連の研究・調査活動を指すこととする.

　本章は，これからフィールドワークを行おうとしている大学生や大学院生に，フィールドワークとは何か，どのように進めるのか，留意すべき点は何かなどの基本的な要点を伝えることを目的としている. さまざまな学問分野でのフィールドワークの具体的な方法や実例などは後章に譲り，ここでは，フィールドワークの最大公約数的な見取り図が示されていると考えてほしい. フィールドワークの方法は決してマニュアル化できるものではなく，研究テーマや地域によって異なり，そしてさまざまな経験を積み重ねることで個別に作り上げられていくという面もある. みなさんも，そうしたプロセスを重ねることで，オリジナルなフィールドワークの手法を築き上げていくだろう. 本書が，みなさんにとってフィールドワークを通じた新たな「知の創造」の旅に出る手助けになれば幸いである.

1.1　フィールドワークとは

1.1.1　調査目的に応じた類型

　フィールドワークは，研究を進めるための手法である. その目的は，大きく 2 つに分けられる. 一つは，研究の「問い」，すなわちリサーチ・クエスチョンを見出すことである. このタイプのフィールドワークは，仮説形成法・問題発見法とも呼ばれる. 研究テーマや問題意識をもって，研究対象の土地や人びとが存在する場所（フィールド）に出かけて，調査をするなかで，より具体的なリサーチ・クエスチョンを見出す，あるいはリサーチ・クエスチョンへの仮の答え（作業仮説）を見出そうというものである. たとえば，「ある地域では環境問題が深刻になっているとされている. 具体的にはどのような環境問題が起きているのか. その原因はどういったことが考えられるのか」といった問題設定をし，環境問題の現状と理由を明らかにするといったタイプのフィールドワークがそれにあたる.

　もう一つは，リサーチ・クエスチョンの答えを見出すことである. 「これ（仮説）は本当だろうか」を，調査を通じて検証することを目的とするものである. このタイプのフィールドワークは，仮説検証法・実証的方法とも呼ばれる. たとえば，

「ある地域の小学校の子どもの退学率が高い要因として，親の世帯の貧困が考えられる．それは本当か」を検証するために，その地域の小学校に通う生徒・退学した生徒の家庭の世帯所得のデータを収集するといったような調査が考えられる．

ただ，ここで注意したいのは，調査者がフィールドワークを行うときに，2つの目的を明確に線引きして，いずれかのタイプの調査のみをすればよいということではないという点である．たとえば，まず予備調査として，リサーチ・クエスチョンを見出すことを目的とした調査を行い，本調査として，仮説を検証するための調査を行うこともあるだろう．または，そもそもは仮説検証を目的とした調査だったが，その過程で研究対象に関する自身の「思い込み」に気づく，あるいは思わぬ発見があることがある．これが，新たなリサーチ・クエスチョンとなることも多いにある．たとえば，貧困が退学の理由であると思い込んで調査をしたところ，大きな農地をもつ農家や多くの家畜をもつ牧夫の子供が，農業や牧畜業に駆り出されて退学していた，といったケースもあり得るだろう．すなわち，フィールドワークは，リサーチ・クエスチョンを生むものでもあり，その答えを導くものでもあるのである．

1.1.2　方法による類型

(1)　インタビュー調査

フィールドワークの核となるのはインタビューである．インタビュー方法は，質問項目の設定を事前にどこまで行うかという観点から大きく以下の3つに分けられる．

1)　非構造化インタビュー（Unstructured Interview）調査

調査者が，あらかじめ細かな質問は用意せずに，調査テーマに関するオープンな質問を投げかけ相手が自由に話すという，対話を通じて情報を収集するものである．質問項目を設定していないことからオープンエンド・インタビュー，また対話のなかでおもしろいと感じた点や疑問に思った点を深く掘り下げられるという柔軟性もあることから，デプス・インタビューとも呼ばれる．

人類学でもっともよく行われる参与観察をベースとする調査は，人びとの日常のなかに入って内側から観察し，人びととともに何かを体験したり日常の会話に参加しながら，自身のテーマに沿った非構造化インタビューを積み重ねることによって調査対象に接近する．

表 1.1 フィールドワークの方法

類　型		特　長
インタビュー調査	非構造化インタビュー	自由な会話を通じた，密度の濃い情報収集が可能．多くの対象に対して行うのは難しい． 情報を引き出すための，対象者との関係構築，また調査者の力量に左右される．
	構造化インタビュー	質問項目を事前に設定するため調査の柔軟性は乏しい． 多くの対象からの情報収集が可能． 収集データの統計分析に適する．
	半構造化インタビュー	非構造化・構造化インタビューの折衷型．
アンケート調査		質問項目を事前に設定するため調査の柔軟性は乏しい． 多くの対象からの情報収集が可能． 回答率を高める工夫が必要．
介入型調査	アクション・リサーチ	調査対象との関係構築や長い調査期間が必要．
	ランダム化比較試験	個別政策やプロジェクト評価に有効．介入内容を含め綿密な実験設計が必要．

　歴史学，文化研究，社会学，政治学などで用いられるオーラル・ヒストリーと呼ばれる方法もこれに該当する．個人，あるいはコミュニティの経験や歴史に関する様々な証言を集めて，特定の時代，地域，文化などに関する鮮明なイメージや人びとの認識をあぶりだそうというものである．

　また，企業・産業研究では，経営者や投資家，労働者などに対するインタビューをもとに，経営戦略や組織ガバナンスを明らかにしようとする研究がある．同様に，政治学や国際関係論では，政策決定過程や政策の背景・要因などを分析するにあたって，政治家，官僚などに対する聞き取りを行い，証言を集めることで，文献からだけでは得られない情報を収集する研究が行われている．

　フォーカス・グループ・ディスカッションと呼ばれる手法も，非構造化インタビューの一つに分類できる．あらかじめ選定されたテーマについて，おおむね均一な属性をもつ人で構成される小グループ内で，モデレーター（進行役）がリードしつつ議論を行うというものである．この方法では，複数人が一つのテーマに関して話しあうという相互作用から，調査対象者の感情，態度，価値観，考えの異同などを引き出すことができる点にメリットがある．

2)　**構造化インタビュー**（Structured Interview）**調査**

　調査者が事前に細かく設定した質問項目に基づいてインタビューを進める調査である．その際には，質問紙や調査票が用いられ，収集された情報・データは統計的な処理をされて分析に用いられるのが一般的である．質問項目に対する回答

の収集方法は，選択肢式，評価指標式，自由記入式といろいろな形式がありうる．回答の選択肢をコーディング（番号をつけること）することで，その後の定量的分析が容易になる．

この調査は，標準化された質問項目に沿って聞き取りを行うため，調査の場での柔軟性は少ない．たとえば，得られた回答の背景を知りたいなど，質問をさらに掘り下げたり，展開したりすることはしにくい．そうしたことから，構造化インタビューは，リサーチ・クエスチョンの答えを定量的に導きだす，すなわち仮説検証型の調査に用いられることが多い．そのため，調査後に「この点をもう少し聞いておけばよかった」「この点が漏れていた」とならないためにも，質問項目やその順番は綿密に練っておく必要がある．

また，構造化インタビュー調査は，サーベイ型調査で実施されることも多い．サーベイ型とはすなわち，一定数の調査サンプルから情報を収集しようというものである．こうしたサーベイ型調査では，調査者が単独あるいは複数で，対象者ひとりずつと対面しながら調査票に沿って質問をしていく．そして，調査者がその回答を調査票に記入していく方式である．近年では，アプリケーション（後述）を利用し，回答をタブレットに入力するような形の調査も行われている．

3) 半構造化インタビュー（Semi-structured Interview）調査

非構造化インタビューと構造化インタビューの良さを組み合わせて行うのが，半構造化インタビューである．質問の内容や順番は事前に決定し，調査票を用意するが，聞き取りのなかで重要だと思った点などに関して，その場で質問を展開，掘り下げていくことができる．その分，構造化インタビューに比べて調査の柔軟性があり，得られる情報も多くなる．ただし，半構造化インタビューでは，対面で調査対象者一人一人に対し，事前に用意した質問プラス追加的な情報を収集することになるため，一人当たりの調査時間は長くなる傾向がある．そのため，調査時間・期間に余裕をもたせた計画が必要になる．

以上のように，3つのインタビュー方法にはそれぞれにメリットとデメリットがある．対象者1人から得られる情報の量と深さを追求したい場合には，非構造化インタビューがもっとも適している．調査者の力量や調査対象者との関係性に左右される部分はあるが，インタビューを柔軟に展開することで，特定の事象に関する掘り下げた理解を得ることができる．しかし，それを広範囲に数多くの人に対して行うことは簡単ではない．

一方，構造化インタビューや半構造化インタビューに基づくサーベイ型調査の場合は，非構造化インタビューに比べて一人当たりの所要時間が短いため，相対的に広い地域的範囲をカバーでき，調査対象者数も増やすことができる．対面方式のサーベイ型調査であれば，単独で調査を行う場合にはそれなりの調査日数を要するが，複数の調査員で行うことで日数を短縮することもできる．

(2) アンケート調査

調査者が対象者に対して，直接インタビューをするのではなく，アンケートという形で調査票を配布し，調査対象者に回答を記入してもらうという方法もある．調査者は調査対象者が記入した回答を回収する．調査者は調査票を配布するだけなので，インタビュー調査に比べて，聞き取り作業の時間と労力は不要にはなる．ただし，調査票を配布した人すべてに協力してもらえるとは限らないため，回答の回収率を念頭に配布総数を検討する必要がある．また，アンケート調査は，構造化インタビューと同様，質問を後から追加することはできないため，調査としての柔軟性は乏しい．したがって，質問項目は事前に十分整理，検討する必要があることは言うまでもない．さらに，質問の意図を回答者が理解できない場合に，対面調査とは異なりその場で補足説明をすることはできない．そのため，質問項目の表現が誰にでも十分にわかりやすいか，さまざまな解釈が可能な質問になっていないかなどにも留意する必要がある．

アンケート調査は，近年オンライン上で行われることも多い．2020年以降のコロナ禍で，対面式の調査が一時的に困難になったこと，同時に多くの人にとってオンライン・ネットワークへのアクセスのハードルが一気に下がったことで，いっそうその傾向が強まった．とはいえ，オンライン上のアンケートは，調査対象者が母集団を代表しているかの判断が困難なケースが多い，また国，地域によってはいつでもだれでもオンライン・アクセスができるとは限らないなど，万能ではない点にも注意したい．たとえば，ベトナムの小学生の歯磨き習慣を知りたいとして，オンライン・アンケートを作ったとしよう．このリンクをベトナムの友人に送り協力を依頼したところ，その友人は，自分の子供が通う都市部の私立小学校の教員に相談，依頼したとする．その小学校の生徒がベトナムの小学生の「平均的」と言えるかは，オンライン上では判断できない．また，実際の回答者も子供なのか，親なのかも実際には判別できない．親だとして，子供の歯磨き習慣を全て把握しているとも限らない．したがって，アンケート結果をもって，ベトナ

ムの小学生の歯磨き習慣はこうであると一般化して結論づけることは難しい。こうしたアンケート調査は，実際に現地に赴いて行うインタビュー調査と組み合わせることで，より正確に実態に接近できるだろう．

(3) 介入型調査

調査者が調査対象の日常や行動に「介入」して行うタイプのフィールドワークもある．介入型調査，あるいは，アクション・リサーチと呼ばれるものである．上で述べてきた，フィールドでのインタビューを通じての情報収集との対比でいえば，調査者が調査対象・地域に働きかけを行い，その結果を分析するというものである．社会実践を研究者と実践者で行い，その実践の結果を知識として共有し，それをまた実践に反映させるというものでもある．具体的には，たとえば，教育分野で，教員，生徒，親が協同で漢字を覚える取り組みを行って，その成果を評価する．その評価結果を，取り組みにまた反映させて改善させていくというような調査が考えられる．

行動経済学あるいは開発経済学で近年よく行われるランダム化比較試験（Randomized Controlled Trial）も介入型調査の範疇に入るだろう．これはもともと医療分野の治験で使用される手法で，対象者をランダムに2つのグループに分けた上で，片方のグループには治療や投薬を行い，もう一つのグループには治療・投薬を行わずに，2つのグループを比較するというものである．たとえば，開発経済学の分野では，2つの属性がほぼ同じ2つのグループを選定し，特定の経済支援プログラムを一つのグループには提供し，もう一つのグループには提供しないことで，そのプログラムの効果を評価するといったことが行われている．

1.2 フィールドワークのステップ

1.2.1 フィールドワークのステップ1 ——準備を始めよう——

(1) 文献調査

フィールドワークに出かける前の最初の準備は文献調査である．ここでいう文献調査とは学術的な文献に限らず，報告書，統計データ，新聞・雑誌記事，映像データ[*1]なども含む，いわゆる座学によって得られる情報を使った調査である．

[*1] フィールドワークで得られる情報を一次データ，こうした文献調査で得られる情報を二次データとも言う．

図 1.1　フィールドワークのステップ

　フィールドに出る前に，どれだけ丁寧に文献調査をするかが，フィールドワークそのものの成否を左右するといってもよいだろう．

　文献調査は，自分が調査・研究しようとしているテーマに関して，これまでどのような研究がされてきており，そこで何がわかっているのかを調べるために行う．文献調査は次の3つのことを行うために必須となる．一つには，自分の研究テーマの学術的な意義がどこにあるのかを確認し，その上で具体的なリサーチ・クエスチョンを絞り込むこと．2つめには，調査の場（フィールド）で何を調査するべきなのかを整理することである．文献から容易に得られる情報であるのにもかかわらず，それを一から現場で尋ねることは，調査対象の人にとって失礼にあたるだけでなく，調査者自身にとっても限られた時間を有効に活用していないことになる．最後に，事前に調査テーマ・調査地・対象に関する情報を整理しておくことで,調査を通じてその情報の信頼性を確認することができる．あるいは，場合によっては，事前の想定と異なる状況に遭遇した場合に，その理由を探りながら問題を深く探究することも可能となる．

(2)　**調査計画の立案**

　調査の目的が定まったならば，実際の調査計画を考える．具体的には，調査期間・回数，調査対象，調査方法を検討・決定する必要がある．

　調査期間・回数に関しては，現実的な問題として，最終成果を出す（すなわち論文・報告書等の原稿提出の〆切）までの時間と調査に充てられる資金に左右されることになる[*2]．

[*2] 時間的余裕と資金があるならば，理想的には，事前調査をしたうえで，本調査，そのあと必要に応じて補足調査の3つのステップでできるとよい．しかし，学生にとっては複数回の調査を実施することは難しいかもしれない．

限られた時間と資金に応じて，自身の研究テーマに適した調査地を選定することになる．選定に際しては，まず，その調査地で調査が実施可能かどうかを十分に検討する．海外での調査の場合は調査ビザや許可の取得が必要なこともある．また，地域によっては政情が不安定であったり，テロが頻発していたりなど，安全に調査を行うことが難しい場合もある．調査対象国や地域の状況を外務省の海外安全情報で確認するようにする．さらに人類学の参与観察の場合は，調査対象社会に受け入れてもらい，共に生活させてもらう必要があるため，人脈を利用して事前に受け入れ先の見込みを得ておくことが一般的である．

対面での聞き取りを行うサーベイ型調査の場合も，調査対象をどう設定するかはそのデータの信頼性とその後の分析に大きく影響する．繰り返しになるが，サーベイ型調査は，地域，あるいは集団の全員に対して聞き取りを行うことは現実的ではないため，対象の一部に聞き取りを行うことで，全体像を把握しようというものである．とすると，母集団をきちんと念頭においたうえで，調査地域や対象を設定する必要がある．もっといえば，学術的に妥当な設定であることが説明できなければならない．

たとえば，「日本の20代は気候変動に対してどの程度危機意識をもっているのか」というリサーチ・クエスチョンを設定したとしよう．そして，環境省に勤務する人を対象にサーベイ型調査を行うこととする．この調査計画にはどういう問題があるだろうか．調査対象が母集団を代表していなかったり，偏りが出ていたりする，いわゆる「サンプル・バイアス」が生じる可能性がある．まず，環境省に勤める人は，そうでない人よりも日々の仕事のなかで，気候変動に係わる情報に接する機会が多いことから知識は豊富で，それがゆえに気候変動に係わる危機意識が高い確率が高いだろう．すなわち，このケースでは，日本の20代という母集団を必ずしも代表していないという意味で，「サンプル・バイアス」が生じている可能性があるのである．

(3)-1 質問項目・質問票の準備

調査にあたって「調べること」を整理して臨むのは大前提である．人類学の参与観察では，調査対象社会の人びとと日常生活を共に過ごしながら，非構造化インタビューをし続けるというような側面もあるが，あらためて1人の調査対象者と向き合い，あらかじめ用意した質問をする（半構造化インタビュー）ことは，やはりとても重要である．たとえば，自分では観察できなかった出来事について

の情報や，人びとの考え方や感じ方，価値観などについては，観察からでは明らかにならないからである．調査対象者から何を聞き取りたいのかについてある程度事前に整理しておき，回答者の記憶を助ける可能性のあるモノ（たとえば古い写真など）があれば，準備しておくといいだろう．ライフ・ヒストリーや家族関係，相手が専門としている仕事についてなど，相手がもつ情報量が調査者に想像がつかない場合などは，テーマやキーワードのみを簡単に提示し，ある程度自由な語りをしてもらうことで，想定外の発見が得られることもある．

サーベイ型調査の場合には，先述のとおり，調査票を用意することになる．調査票は，①体系だった内容と順番であること，②対象者が話しやすい順番で質問項目が配置されていること，③不可欠な質問が漏れていないことが大切である．

一方で，半構造化インタビューの場合，調査票にあえて空白のスペースを作っておくことも有用である．聞き取りを進めるなかで「これは重要だ」，または「これは想定していなかった」など，気になったことを書き込むためのスペースである．こうした情報が，いざ分析しようとする時に役立つことも少なくない．

新しい調査テーマや調査対象者に対する調査票を作成するときに，陥りがちな罠は，「何でもとりあえず聞いておこう」，「この情報は今回の分析に使わなかったとしてもいつか使えるかもしれない」という発想から，質問を盛り込みすぎてしまうことである．対面調査の場合，一人あたりの聞き取り時間は30分から長くても1時間半程度が限界である．その限られた時間で分析に必要なことを漏れなく聞き取り，また半構造化インタビューで追加的な質問を展開する時間を考えると，リサーチ・クエスチョンに照らして厳選した項目で構成される調査票の方が望ましい．

質問項目を厳選すべきなのは，アンケート型の調査の場合も同様である．質問数が非常に多く，回答に時間がかかりそうなアンケートの場合，回答率はどうしても下がるだろう．

既述の通り，近年はオンラインを活用した調査のためにさまざまなアプリケーションも開発されている．アンケート調査では特にそうしたアプリケーションの利用が拡がっている．無料で簡単に作成できる代表的なものはグーグル・フォームであろう．一方で，アンケート調査をオンラインで行うのは便利であるものの，注意しなければならないのは，オンラインにアクセスが可能であり，またオンラインでの回答に抵抗がない人のみが回答者になりうるということである．先の「ベ

トナムの小学生の歯磨き習慣」という調査例が示したように，調査の目的や対象によっては，オンラインでの調査という形態そのものが「サンプル・バイアス」を生む可能性があるということに十分気をつけなければならない．

　対面での構造化あるいは半構造化インタビューの場合も，紙ベースではなく，アプリケーションを用いて調査票を作り，タブレット上に回答を入力するという方法もある．たとえば，人道支援を行う援助機関向けに開発された Kobo Toolbox[*3] というソフトがある．調査対象者数の制限などはあるが，無料で使用できる．このツールのメリットは，オンライン＆オフラインの両方の状態で入力ができることから，インターネット環境がない場所でも使用できることである．

　こうしたアプリケーションを活用する調査の場合，収集データをエクセルなどの計算ソフトに落とし込むこともできることから，データ入力の手間が省け，即時の分析が可能になるというメリットがある．

　最後に，調査票を用いた調査にあたっては，紙ベースにせよ，アプリケーション・ベースにせよ，実際に調査を行う前にプリテスト（調査票を用いて質問を試すこと）を行うことが望ましい．作成した調査票の構成・流れ，適切さを確認することができる．また，一人のインタビューに必要な時間も把握できる．そして，プリテストの結果に応じて，調査票を改善，修正することができる．

(3)-2　調査ツールの決定

　フィールドワークをする際にあった方がよい他のツールとしては，地図，GPS，カメラ，ビデオカメラ，ボイス・レコーダー，メジャー，重量計などの計測機器，水質検査キットなどがある．地図，GPS は現在はオンラインにアクセス可能な地域であれば，スマートフォンの機能である程度代用できる．記録媒体としてカメラ，ビデオカメラ，ボイス・レコーダーを用いて調査対象地域，その生活の様子などを画像あるいは音声として記録し，インタビューから得られた情報と合わせることでより深い理解につながることもある．さらに，写真やインタビュー録音内容の中に，その調査時点では注目していなかったものや事象に関しての貴重な情報が含まれていて，後になって「再発見」するということもある．メジャーや重量計は，たとえば調査地の人びとの農業の実態を明らかにするような調査で，畑の面積を作物ごとに計測したり，収穫物を計量したりするのに必須

[*3]　Kobo Toolbox は以下から利用可能である．https://www.kobotoolbox.org/

であるし，あるいは，衣装・装身具，木彫品や土器や籠といった調査地の人びとが製作し，利用するモノについても，実際の大きさや重さといった情報は写真データやスケッチとあわせて重要になる．

2020年からのコロナ禍は，海外渡航や移動を制限し，対面での接触を難しくしたことから，フィールドワークを核とする調査・研究を困難にした．一方で，そうした状況への対応に迫られたことで，オンライン・ミーティングという形でリアルタイムにどこでも繋がることが格段に容易になった．こうしたオンライン・ミーティングは現地に赴いての調査を完全に代替するところまではいかないものの，たとえば，事前調査的な聞き取りや，追加的な聞き取りを実施したりするのに役立つだろう．また，現地に協力者を得て，その人にカメラをもって移動してもらいながら，自身はカメラをとおして目にするものについて，現地に問いかけながら情報収集する（オンライン・フィールドワーク）などの上手な活用も考えたい．

(3)-3　調査手配

調査設計がほぼ固まったならば，フィールドでの調査に関わるロジスティックスについて考える必要がある．たとえば，具体的な調査日程，交通手段，宿泊が必要ならば宿泊場所などを決め，手配を進める．また，コミュニティの調査ならば案内人を探さねばならないケースもあるだろう．案内人は調査者と調査対象者の通訳の役割を担うほか，調査者が知りたいことをどこの誰に聞きに行けばよいのかという情報を集める能力に長けている必要がある．ある程度の高い教育を受けている人である必要もある一方で，そのコミュニティに根ざして暮らしている人が望ましいだろう．

国・地域によっては，事前に調査許可が必要なこともある．また，調査への協力を依頼する機関（行政機関，企業，NGOなど），または個人に対して，調査に関する依頼状が必要となるケースもある．その際には，調査の目的，期間，調査方法，具体的な依頼内容，連絡先などを記す．

(3)-4　研究倫理上の心構えと審査

いずれの調査方法を取るにせよ，相手の日常の貴重な時間を，調査者の目的のために割いてもらっているということを忘れてはならない．宮本・安渓（2024）による『調査されるという迷惑』には，日本国内の過去の調査での，調査対象地域における研究者の自己本位な振る舞いが描かれている．調査者が貴重な歴史的

文献を借りたまま返さない，答えに詰まった相手を「詰問」する，コミュニティ
に分裂をもたらす，約束を破る，お年寄りを終日一か所に缶詰にして聞き取りを
するなどの実際にあった事例が紹介されている．フィールドワークとは，地域や
人から情報を含め，何かを無理矢理に「奪う」ものであってはならない．こうし
た宮本・安渓のいう「調査地被害」をもたらすことは厳に慎まなければならない．

　また，調査によっては，個人が特定されうる情報，プライバシーにかかわる情
報，相手に心理的負担をかける，あるいは，不快な思いを抱かせる可能性がある
質問項目が含まれるケースもある．そうした可能性が少しでもある調査に関して
は，所属する大学・機関の所定の研究倫理審査を受け，問題がない内容・方法か
どうかを確認する必要がある．そうした審査を経て実施する調査であっても，調
査対象者はいつでも調査されることを拒否する権利があることを忘れてはならな
い．

1.2.2　フィールドワークのステップ2——フィールドに出かけよう——
(1)　相手の立場に立って進める
　実際のフィールドワークの場でも，相手の立場や状況をきちんと把握して進め
ることが重要である．調査計画を立てた際の想定（あるいは想像）と現地の状況
が異なることはよくある．調査対象者の日常生活に影響が少ない最適なインタ
ビューの時間帯はいつなのか，またどの程度の時間を割いてもらえそうかを意識
してインタビューのアポイントメントを設定する必要がある．調査時間帯に関し
ての例として，工場勤務の労働者へのインタビューであれば，勤務時間が早朝か
ら夕方のため，帰宅後の短い時間，あるいは週末の時間を割いてもらうしかない．
夕方から夜通しの漁にでて早朝に戻ってくる漁師にインタビューしたい場合は，
午後の次の漁にでる夕方までの時間がベストということになる．
(2)　インフォームド・コンセントを得る
　具体的な質問を始める前に，調査の目的とそのインタビューで得た情報の取り
扱いを説明した上で，インタビューの承諾を得る．さらに，たとえ承諾したとし
ても，答えたくない質問，わからない質問には答えなくてよいこと，また途中で
インタビューを中断する・拒否することも可能であることも伝える．
　可能であれば，上記の内容を記したインタビューの承諾書を用意しておき，署
名を得るのがベストである（ただし，途上国の農村部で識字率が低い地域の場合，

これは難しい場合もある）．これらの段取りを一般に，インフォームド・コンセントを得るという．

(3) 聞き取りの作法

調査票の作成や研究倫理のところでも少し触れたが，インタビューは相手が話しやすい雰囲気をつくりながら（決して「詰問」にならないよう），話しやすい点から始めるほうがよい．たとえば，調査目的が，世帯の所得水準と所得源であったとしても，冒頭から「月給はいくらですか」や，「昨年の農業収入はどのくらいでしたか」と尋ねては，相手は驚き構えてしまうだろう．よく知らない他人に開口一番そのような質問をされたら，誰でも答えに躊躇する．「自分がこういうふうに尋ねられたらどう思うだろう」といった想像力を持つことが大切である．まずは，家族構成などから，その世帯の概況を理解できるような質問をしつつ，次第に核心の質問に移っていくほうが聞き取りはスムーズにいくことが多い．

ただし，相手が貴重な時間を確保して短時間でのインタビューを承諾してくれた場合などは，その人にしか答えられない質問を厳選する必要がある．誰に聞いてもわかることや，少し調べればわかることを尋ねることは多くの場合失礼にあたる．

また，誰にでも話したくないこと，話しづらいことがあることを理解する必要がある．そういった場合には，「調査だから」と無理に聞き出そうとする行為は「調査するという暴力」であると肝に銘じたい．調査をする中で相手からうまく引き出せないと感じるような事柄は，多くの場合，対象者が調査者には理解できない／理解したつもりになって欲しくないと感じている事柄であることが多い．たとえば，被災経験や戦争経験などを一回の聞き取りのなかで簡単に引き出せると考えること自体が傲慢とも言える．時間をかけて相手との関係性を丁寧に築き上げることなくしては，こうしたテーマのインタビューは不可能と考えるべきである．逆に，こちらが尋ねている以上のことに話が展開していくこともある．そういった場合も，「いえ，その話はそのあたりで…」と遮るのではなく，時間のゆるす限り相手の話を丁寧に聞くとよい．相手が話したくないこと，あるいは話したいことに，何か「発見」が隠れているかもしれないからである．

対面式のインタビューの場合，学術的な専門用語を用いて調査票を作成していることもあるだろう．ただし，インタビューの際にはそうした専門用語を用いるのではなく，相手にわかりやすい言葉に直して尋ねるようにする．相手が質問の

意図を十分理解できない・伝わっていないと思った際には，違う角度から言葉を変えて尋ねてみるとよい．

　また，インタビューを受けている人が，調査者が欲しい情報すべてを記憶しているとは限らないことも肝に銘じておく必要がある．人は誰でも記憶間違い，勘違い，あるいは言い間違いをすることがある．聞き取りの途中で，「これは先の話と矛盾していそうだ」「他の人から聞いた数値と随分開きがある」など気づいた時は，その場ですぐに確認する．後からその可能性に気づいた場合は，複数の人からの聞き取りをするなかで，情報のクロスチェックをしていくことが有効である．

　また，可能であればインタビューの録音を許可してもらうとよいだろう（特に非構造化インタビュー調査）．しかし，録音していることで，相手が緊張したり過度に慎重になってしまい，自然な回答が妨げられる場合もあるので，この点は注意が必要である．また，録音しながらもメモは必ずとる．録音データを書き起こすには調査時間の何倍もの時間がかかるため，確認用に利用するぐらいの位置づけが適切だろう．

1.2.3　フィールドワークのステップ3 ——情報を整理，まとめよう——

（1）　フィールドノートの整理

　非構造化，あるいは半構造化インタビューでは，聞き取った情報をメモしていく形で記録することが多い（写真1.1）．これは一般に，フィールドノートと言われるものである．各自が使いやすいノートを見つければよいが，たとえば表紙が硬いものであれば，机などがなくても書き込むことができて便利である．

　そうしたインタビュー記録は，調査がすべて終わってから見直すのではなく，できれば調査当日，そうでなくとも記憶がまだ新しいうちに整理することが望ましい．手書きで書いたメモをパソコンで打ち直すのもよい．急いで書いているメモはどうしても情報があちらこちらに散らばってしまうこともあるので，「清書」することで，整理がよく進む．そして，曖昧な点や追加的な疑問があれば，翌日以降に調べることもできる．

　また，調査票を用いるサーベイ型調査では，データの詳細な分析は，（2）で述べるように，調査票のデータをクリーニングした後にしか行えない．しかし，聞き取りを重ねる中で，リサーチ・クエスチョンに対する（仮の）答えを含む気づ

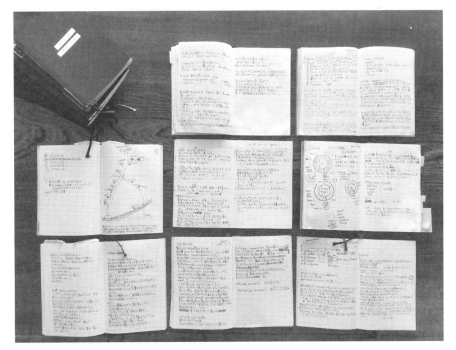

写真 1.1 フィールドノート

いた点，明確になった点，あるいは調査不足の点が出てくる．記憶が鮮明なうちにそういった点をまとめたメモを作成しておくことで，後のデータ整理と分析に活かすことができる．

(2) **データ・クリーニング**

サーベイ型調査で収集したデータは，そのまますぐに分析を始めてはならない．回答者の言い間違い，記憶間違い，あるいは調査者側の記録間違い，入力間違いがあるかもしれない．そこで，収集データのなかにおかしなデータ，矛盾するデータがないかをチェックし，正確でないと思われるものをあぶりだす．その上で，補足調査等が可能であれば，そのデータを再確認する．それが難しい場合は，そのデータ，あるいはサンプルを分析対象から外す．

(3) **調査協力者への謝意とフィードバック**

フィールドワーク，調査を終えた後には，調査対象者や受入機関などに謝意を必ず伝える．調査の受入機関に対する礼状には，その調査を通じてわかったこと

を簡潔にまとめて含めるとよい．調査で得た情報を単に「持ち帰る」のではなく，フィールドにいる人々に「共有・還元」する姿勢が重要である．また，貴重な時間を割いて貴重な情報を提供することに協力してくれた人びとに対しては，可能であれば謝礼を支払ったりお礼の品を渡したりすることも検討したい．調査の成果物（論文，報告書など）を発表する際には，調査に協力してくれた団体・個人などに対する謝辞を必ず記し，成果物そのものを送付するのが礼儀である．

おわりに

　本章では，フィールドワークとは何か，その大きな枠組みと段取りや留意点を述べてきた．みなさんが本章を読む前に想定していたフィールドワークとどのような違いがあっただろうか．おそらく，想像していた以上に，フィールドワークは簡単なものではなく，きちんとした調査デザイン，計画，そのための準備はもちろんのこと，自分が調べたい地域や人々に対してのさまざまな配慮が必要だということがわかったのではなかろうか．どのような調査であっても，調査する側は相手から貴重な時間と情報を分けてもらう側であることを常に念頭においておくことがとても大切である．

　フィールドワークには必ずさまざまな出会いがある．この出会いは，調査者がもっていた「知的な疑問」をさらに深化させ，さらには世界観・価値観を大きく変えることもある．初めて会ったときには，理解できない言動をとられて，自分の調査の妨げだと思ったような人が，最終的には最も重要な発見を与えてくれることはよくあることである．「居心地が悪い」とか「思うようにいかない」といった負の感情は，フィールドワークにはつきものであるが，これはフィールドワーカーが自分自身の「当たり前」を乗り越えようとするときにこそ得られる感情で，新たな発見にはこれが一番大切であることを忘れないで欲しい．フィールドワークの面白さ，醍醐味はこういったところにある．これに続く章で，さまざまな分野でのフィールドワークの実例を通じて，そうしたフィールドワークの面白さを読み取ってほしい．

参 考 文 献

岸政彦，石岡丈昇，丸山里美（2016）：質的社会調査の方法　他者の合理性の理解社会学，有斐閣ストゥディア

京都大学大学院アジア・アフリカ地域研究科・京都大学東南アジア研究所編 （2006）：京大式
　フィールドワーク入門，NTT 出版
宮本常一，安渓遊地 （2024）：調査されるという迷惑 増補版，みずのわ出版

II

人びととコミュニティを理解するためのフィールドワーク

Ⅱ．人びととコミュニティを理解するためのフィールドワーク

2 人類学のフィールドワーク
——「想定の外」への終わりなき旅——

中村香子

2.1 人類学のフィールドワークとは

　現在は，多様な学問分野，多様な職業分野で「フィールドワーク」という研究手法が用いられているが，そもそもは，人類学者が調査対象社会に長期間身を置き，その社会の言語や文化を身につけ，その社会の人びとと人間関係を構築し，対象社会に溶け込むことにより，その社会の人びとの世界観を内側から理解して描き出すことを目的に開始された．1922 年にトロブリアンド諸島でのフィールドワークを『西太平洋の遠洋航海者』という民族誌（エスノグラフィー）として発表した人類学者，マリノフスキー，B. K. がその始祖と言われている．「異文化を生きる人びとの世界観を内側から理解する」というが，それは容易なことではない．フィールドワークのやり方は，フィールドワーカーの数だけあり，その正解というものは存在しない．本章では，私自身の初めてのフィールドワークの経験を事例に，フィールドワークの困難さと面白さについて具体的に述べてみたい．

2.2 ケニアの牧畜社会——圧倒的な異文化との出会い——

　私が初めてフィールドワークを行ったのは，1998 年，アフリカのケニア共和国に居住するサンブルとよばれる牧畜民の社会である．現在まで継続して通い続けている．サンブルの人びとはウシ，ヤギ，ヒツジ，ラクダなどの家畜を飼い，それらを放牧しながら生活している．日本で暮らす私たちにとって，牧畜という生業は馴染みがないが，東アフリカの半乾燥〜乾燥地域には数多くの牧畜民の社会がある．なかでも最もよく知られているのは，「マサイ」だろう．サンブルは，マサイと同じ言語を話し，文化や社会構造のかなりの部分を「マサイ」と共有するマサイ系の牧畜民である．

写真 2.1 サンブルの未婚の青年(モラン)

写真 2.2 サンブルの未婚女性

写真 2.3 サンブルの既婚女性

　初めてサンブルの人びとと出会ったとき，彼らは鮮やかなビーズでつくられた装身具で全身を飾り立てていた．特に若い男性と女性たちの装いは華やかで息をのむほどであった．自分たちの美しさは自分たちが一番よく知っているとでも言いたげな威風堂々たる姿に私は圧倒された．私はその当時，ケニアの首都でNGOに勤務していた．サンブルの人びとについてもっと知りたいという欲求が次第に大きくなり，その仕事を辞めて大学院に入学することにした．

2.3 素朴な疑問をリサーチ・クエスチョンに叩き上げる

　大学院に入学した私は，初めての「フィールドワーク」を前に浮かれていた．もうすぐサンブルの人びとが暮らす土地に行き，「仕事」として彼らと話をしたり，放牧に出かけたり，日常生活を共に過ごすことができるのである．私はケニアに在住経験があり，現地の事情に多少なりとも通じており，ケニアの多くの人びとが話すスワヒリ語もマスターしていた．彼らと生活しているだけで，ありとあらゆる情報が自然と耳に入ってくるだろう．私はそのように高をくくっていたのである．そんな私の様子を見かねた大学院の教員にこう言われた．「きみは，調査の周辺散歩はもう十分しただろう？　今回は『フィールドワーク』に行くのだから，もう『散歩』は許されないよ」

　「フィールドワーク」は，「散歩」でもなければ「旅行」でも「ホームステイ」でもないらしい．何ヶ月も滞在した挙げ句に，日々の生活の記録やそこでの発見や感動を綴った「旅日記」など決して持って帰ってくることのないように，と釘を刺されたわけだ．何か明確なテーマを決めて，それを調査しに行くのがフィールドワークであり，そのために最も重要なものは「リサーチ・クエスチョン」とよばれるものらしいということがわかってきた．

　私は，この段階にきてようやく先輩の論文を片っ端から読むということを始めた．どうやら「リサーチ・クエスチョン」とは，論文には「研究目的」という言葉で記載されているもののことで，その多くが「○○○○○○○○を明らかにすることを目的とする」という体裁をとっている．そしてそれは，いまだかつて誰によっても明らかにされていないことでなければならない．これまでそのテーマについて，誰がどこまで明らかにしているのかをレビューして，自分独自の「リサーチ・クエスチョン」をたてる必要がある．これが「学問」というものらしい．私は「サンブルの人びとはなぜあそこまで派手に着飾っているのか？」という素朴な疑問から初めてみることにした．

2.4 とにかく計ったり，数えたり……——「主観」を「客観」にする——

　フィールドワークへの出発が近づいてきたある日，ひとりの先輩が言いにくそ

うに私にこう言った.「あなたは，フィールドワークから帰ってきて『サンブルの人はやっぱり美しかった，格好よかった』と言いそうな気がしてとても心配です．そういうあなたの主観はもう誰も聞きたくないからね」

先のアドバイスと同様の苦言を再度いただき，黙り込んだ私に，その先輩は生涯忘れられない大切なアドバイスをくれた.「とにかくなんでもいいから，計ったり，数えたりしてきたらいいと思う．そうすれば，それは，もうまちがいなくあなたの主観ではなく，『客観的データ』だから」

私は，何か頭を殴られたようなショックを感じた．質的データと量的データというものがあることは学んでいた．しかし，自分が集めるのは「質的データ」だろうとなんとなく考え，「計ったり，数えたり」することはイメージしていなかった．私は大慌てで，何を図ったり数えたりするかもよくわからなかったが，調査用具として，メジャー，バネばかり，カウンターを買いに走った．結果としてこれは，調査初日から毎日大活躍することになった．

2.5　フィールドワークの開始

私の初めてのフィールドワークの期間は 8 ヶ月だった.

調査を開始する前の準備として，ケニア政府からの調査許可を首都ナイロビで取得したあと，いよいよサンブルの地に到着した．事前に，知り合いに調査の助手をして欲しいとお願いして承諾を得ていた．私はスワヒリ語は使えるが，彼らの言語（マサイ語）は理解できないので，通訳として助手が必要だった．それだけでなく，彼にはありとあらゆることを助けてもらった．まず，地域の長のところに連れて行ってもらい，挨拶をした．調査の目的や滞在期間，誰に対して調査を行う予定なのか，といったことを伝えて，理解を得た．そして，いよいよ，調査を開始することになった．私が質問事項を助手に告げると，彼は適切なインタビュー相手を考え，その人のところに案内してくれた．

2.5.1　インタビュー相手に関する情報

インタビュー相手と話を始める前からインタビューは始まっている．その人とどのように出会うことができたのか．インタビューの場所はどこだったか．その人はどのような髪型，装い，体型だったか．相手の第一印象は「主観」もまじえ

てメモしておくことにしていた．このあたりは日記のつもりで書いていたが，のちに役立つことが多かった．そしていよいよ，対話の開始だ．自己紹介をし，調査の目的を述べた後，私はまず，出会う人ごとに，そのときにその人が身につけている装身具をすべて見せてもらい，それらについて尋ねていくという方法をとることにした．日本にいるあいだに考えた調査項目は以下のようなものだった．

① 情報提供者の基本情報

　　　名前，性別，年齢，世代（男性であれば年齢組），既婚か未婚か，居住地域，所属クラン，家族構成，家畜の所有状況，何語を話すことができるか，学校教育の経験（最終学歴），仕事の経験，洋服とビーズ装飾を着替える機会があるか

② 装身具情報

　　　装身具の名前，装身部位（どこにつけるか：頭，首，手首，耳，腰，ふくらはぎ，足首など），材料，色，大きさ，重さ，入手時期，入手方法（誰ににもらったか，どこで購入したか），意味（それを身につけていることにどのような意味があるのか），それぞれの装身具のデザイン（簡単にデッサンする）．

まず，①の情報提供者の基本情報だが，最初は当然のことながら，相手の名前を尋ねる．ところが助手は「それは自分が知っているので必要ない．聞かないで欲しい」という．サンブルでは「あなたの名前はなんですか？」という質問を大人にすることは滅多になく，多くの場合，失礼にあたるということであった．相手を名前で呼ぶことはさらに失礼で，子供がいる人であれば，その子供の名前を使って，たとえば「ンゴトメリ」（＝メリのおかあさん），「メニェメリ」（＝メリのおとうさん）と呼ぶのだという．次に性別だ．これについては尋ねるまでもなく私でも認識できた．

そして年齢だが，多くの人は自分の年齢を厳密には把握していなかった．「身分証明書には〇年生まれと記載してあるが，実際はもう少し上だと思う」といった曖昧な回答が多かった．サンブル社会には男性の「年齢組」[*1] というものが存在しており，男性であればその人がどの年齢組か，そしてその年齢組のなかで年

[*1]　サンブルの男性は成人するとすべての人が特定の年齢組に所属する．そしてその年齢組としてのまとまりを維持したまま一生を過ごす．年齢組は約15年に1度の間隔で新たに組織され，それぞれが固有名をもつ．

長か真ん中か年少か，といった質問することである程度の年齢が推察できた．それぞれの年齢組が組織された年は先行研究[2] によって過去100年以上に遡って特定されていたため，そのときに生まれていたかどうかを問うことによってもある程度の年齢を知ることができた．

　家族構成の聞き取りは，基本情報のなかでもっとも時間がかかったが，あとで何度も参照するとても重要な情報となった．私のやり方はこのようである．まず，目の前にいる調査対象者の父親について問う．父親の名前，年齢組，学校教育経験，仕事の経験，そして妻の数（サンブルの男性は死ぬまでにたいてい2〜4人の妻をもつ）と，それぞれの妻の名前，出身クラン，学校教育経験，仕事の経験，そして出産順に子供たちの名前，性別，男性であれば年齢組，学校教育経験，未婚か既婚か，既婚であれば結婚相手の名前と出身クランを尋ねた．子供がいつ生まれたのかについては，誰にも記憶に残るようないくつかのイベントが起きた年を特定しておき，それより前か後か，あるいは，すでに年齢が特定できた近隣の別の子供と比較してどちらが先に生まれたかといった尋ね方で，おおよそ明らかにすることができた．このような出来事の年代を明らかにしたいことは頻繁にあるため，質問時に参照できる自分自身の資料として，その地域の誰もが記憶している出来事の年表をつくっておくととても便利である．サンブルの場合は，年齢組に関する儀礼（約15年に1度開催される年齢組を組織する儀礼とそれに付随するいくつもの儀礼），大干ばつ，皆既日食，大統領選挙の年などが便利に使えた．

　家族についてわかったあとには，家畜の所有状況についても尋ねることにしていた．「あなたの家には何頭のウシ，ヤギ，ヒツジがいますか？」と質問する．牧畜民であるサンブルの人びとにとって家畜は重要なので，とりあえず聞いておこうと考えたためだ．調査を開始した数週間後に，耐えかねた助手が，「あの質問だが，どうしても聞く必要があるのか？」と聞いてきた．「いままでの回答者の全員が本当のことを答えていないので無駄だと思う」というのである．人びとにとって，家畜は家族であり財産でもある．その「数」をストレートに聞くというのは，「預金通帳を見せてもらえますか？」と言っているのに近い，失礼千万な質問であったようだ．早々にこの質問もやめることにした．助手のアドバイスなしには成り立たないのが人類学のフィールドワークである．

---

[2]　ポール・スペンサーが1965年に記述したサンブル社会についての精緻な民族誌（Spencer 1965）は私にとって主要な先行研究であった．

2.5.2 装身具に関するインタビュー

まず，その時に身につけているすべての装身具をとりはずしてもらい，フィールドノートに一つずつ簡単にデッサンし，色やビーズの種類を書き込み，サイズ，重さなどを計測して記録した．そして一つずつ尋ねた．「この装身具の名前を教えて下さい」「どのように身につけるものですか？」「いつ，どのように手に入れたのですか？」……．目の前に存在する「モノ」について尋ねることは，「ヒト」について尋ねるよりも，タブーが少なく，だいぶ気が楽であった．そして，「いつ」という質問に際して，すでに聞き取った家族構成の情報が役に立った．特に女性は「○○（子供の名前）が生まれたとき」とか「○○をおんぶしていた頃」「○○が嫁いだ頃」という答え方を好んだからである．

　私は，このような質問を調査対象者のすべての装身具ごとに繰り返そうとしていた．ところが，想定外のことが起きた．ある高齢の女性に「この首飾りをいつどのように手に入れたのですか」と最初の問いを投げかけたときのことである．その女性はこのように返答したのである．

> 「ごらん，ここからここまでは（赤いビーズのある一粒からべつの一粒まで），私の母の母が結婚前に恋人だったマリコン年齢組のモラン（未婚の男性）にもらったビーズよ．よく見て．ビーズが小さくすり減ってしまっているでしょう」

彼女は，首飾り単位ではなく，ビーズの粒単位で質問に答え始めたのである．その首飾りを構成するビーズは，赤単色で粒の大きさも均一だった．しかし，彼女はその中でこのビーズからこのビーズまで，というふうに祖母のビーズと母のビーズを明確に識別して答え分けたのである．彼女は続けた．

> 「祖母はこのビーズをもらってからほどなくして結婚し，まず息子を生み，そのあとに私の母を生んだの．そして私の母が5歳ぐらいになったとき，自分の首飾りからこのビーズをとって，私の母に首飾りをつくってやったの．そして母はその後これをずっと身に着けていたんだけれど，私が5歳ぐらいになったときに，今度は私にこのビーズで首飾りをつくってくれたの」

> 「そして，ここからここまでは，母が娘時代にキリアコ（年齢組のモラン，恋人）にもらったビーズよ．こちらもだいぶすり減ってる．」

サンブルの未婚の男性（モラン）は，自分の恋人に大量のビーズをプレゼントする習慣があることは知っていた．しかしそれが，母から娘，そして孫へと代々

2.5 フィールドワークの開始

受け継がれていることは知らなかった．彼女はさらに続けた．

「ここに緑色のビーズが四すじ混ざっているのは，私が結婚する少し前，ウシがよく死んでね．その死んだウシの皮を売ったおカネでトウモロコシ粉を買いに行ったの．そのとき釣銭で買ったもの．そのウシは白くて黒い大きなブチが右の腹のところにあるきれいな雌ウシで，私の姉が嫁いだときに婚資

写真 2.4 ビーズについて語るサンプル女性

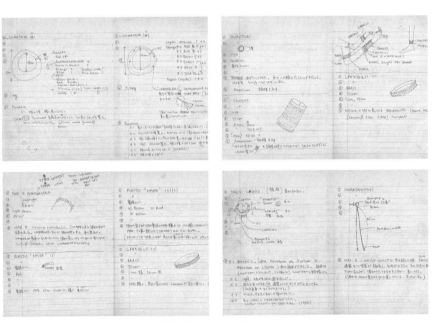

写真 2.5 フィールドノート

としてロロクシュ・クランからやってきた．乳を搾るとき，母はその黒いブチに頭をあててウシに歌いかけながら搾っていたわ．いつまでもいつまでも乳を出す素晴らしいウシだった．でも干ばつでそのウシが死に，我が家のミルクはなくなった．この緑色のビーズは，雨乞いをするために買ったのよ．家の入口の上の屋根にこれを置いておくと神様がそれをみて雨を降らせるから．

　　あとの残りのここからここまでは全部私の（私自身が恋人にもらったもの）ビーズよ」

　ビーズはまた，多くの場合，家畜とも強く関連づいていた．彼らが身につけているビーズはすべてチェコ製のガラスビーズで，これを購入するための現金はウシやヤギを売却して手に入れることが多かったからだ．この事例では売却したのはウシそのものではなく皮だったが，ビーズとともにそのウシの姿形，鳴き声などの特徴が鮮明に記憶されていた．

　母や祖母のこと，未婚期の恋愛，子供たちの成長，家畜の思い出……ひざに置いた首飾りのビーズの粒にそっと手をふれながら，その女性はとうとうとさまざまな物語を語り（写真2.4），私は夢中でそれを書き取った．インタビューを終えたときには，私のフィールドノートは，彼女の装身具のスケッチと彼女の人生のさまざまな物語で埋め尽くされていた（写真2.5）．装身具についての質問だけをしていたにもかかわらず，私は彼女自身についてかなりのことを知ることができていたのである．

　言葉にならない興奮と充実感に満たされながら，彼女の家からの帰り道を助手と歩いていたときのことは今でも鮮明に憶えている．放牧から帰ってくる何十頭ものウシが夕陽が沈みつつある地平線に沿って一列に並び歩いていた．その一頭を助手が指さして「あれは『緑色のビーズ』の子孫だ」と言ったのである．彼女の物語に出てきた「いつまでもいつまでもミルクを出す白くて黒いブチのあるウシ」のことだ．年代を考えれば，そのウシが死んだときに助手はまだ生まれていない．にもかかわらず，そのウシの子孫について，彼女の家族でもない彼が把握しているという事実に私は驚いた．「え？どうして知っているの？」と尋ねる私に，半分はあきれ顔，半分は誇らしげな顔で彼は言った．「僕たちはこの地域のウシであればそのすべてについて，たいていのことは知っているさ．」サンブルの人びとにとって家畜は，人間に匹敵するぐらい個別性をもった存在であるらしかっ

た．装身具についての調査をしながら，それに付随して，実にさまざまなことを私は学んでいった．

2.6　フィールドワーク後の発見

　装身具調査のインタビューには1人あたり3時間ぐらいかかってしまい，一日に2人が限度だった．広大なサバンナの片隅のアカシアの木陰で私は，来る日も来る日も，朝から晩までひとりのひとと向き合い，下を見て黙々と装身具をスケッチし，それが紡ぎ出す物語を記述し続けた．

　8ヶ月のフィールドワークが終わりに近づいた頃，私は250人分の装身具の情報を記述し終えていた．未婚の青年の装身具は「48種類」ある．未婚の青年は「平均8本」のバングルをしている．未婚の女性の首飾りは大きいものでは「外径45センチ，重さ15キロ」．女性のビーズの入手方法の約50％は恋人からの贈り物……等々．私は，まぎれもない「客観的」なデータをいくつでもつくることのできる元データを手にしていたのである．私はこのデータから，修士論文を仕上げ，サンプルの人びとの装身具についての書籍を出版することができた（Nakamura, 2005）．

　驚いたのは，自分自身の装身具を見る目の変化だった．フィールドワークを開始する前，私にとってビーズの装身具は「人びとを美しく飾る装飾品」にすぎなかったが，フィールドワークを終えると，ビーズはそれを身につけている人を過去に生きていた人や家畜とつなぐ物語の「記憶装置」の役割を果たしていることを実感した．また，それと同時に，装身具はそれを身につける人がどのような背景をもつ何者なのかについて，いくつものことを示してもいた．私は，装身具を見ただけで，目の前の相手がどの地域に住んでいるのか，未婚なのか既婚なのか，未婚時代の恋人の年齢組がなにであったか，何人の息子がいるのか，といったことがわかるようになっていた．そればかりか，その人が耳飾りの先端を結んでいれば，息子のひとりが出稼ぎに行って家を離れているのかな，とか，首飾りの緑色のビーズにウシの尾の毛が結びつけてあれば，彼女のウシがなかなかミルクを出さなくて困っているんだな……といったことまで想像できるようになっていたのである．華やかで美しいだけであったビーズの装身具が，フィールドワークを経て，無数の情報を発信するメディアとなって立ち現れたのである．私は，それ

まで認識できていなかったサンプルの人びとの世界観の一端を認識できたような気がした.

そして,ビーズについてそのように理解できると,おそらく家畜や植物やその他のことについてもその背後には同様に豊かな世界が広がっているにちがいないと想像できるようになり,彼らへの興味が増大した.その後,私の研究テーマは,ビーズの授受を介した未婚の男女の恋人関係,観光業への参与とビーズ装飾の商品化,装飾とライフコース……といったぐあいに自然に広がっていった.

2.7 「他者」の世界観をとおして自己と向き合う

私たちは,フィールドワークの準備段階で,さまざまなことを想定してインタビュー相手を選定し,質問を考える.その時点で,ある程度の結論をも見据えたうえでフィールドワークに出かけるだろう.この「想定」をつくるプロセスは無論,非常に大切である.これを行わないと,「フィールドワーク」ではなく,ただの「散歩」になってしまう.しかし,実際にフィールドワークを始めてみると,事例で示してきたように,いくつもの「想定外」にぶつかる.

「想定外」は,驚き,とまどい,怒り,居心地の悪さ,怖れといったフィールドワーカーの感情を生み出す.これは,未知の異文化に直面した証でもある.こうした違和感は,インタビュー外の日常生活,すなわち,食事,病気やケガ,事故,物品や金銭のやりとり,約束などといった場面おいてより頻繁に遭遇するものである.誰に何を言われて自分がどう驚いたのか,相手のどんな態度に苛立ったのか,相手に何と言われて自分は傷ついたのか,自分は人びとのどんな態度を受け入れられないと感じたのか……こうしたフィールドワーカーの「主観」は,狭い意味での「調査」の外部のできごとである.

何かを計ったり,数えたりして「客観的データ」を集めることの重要性を強調してきたが,実はこの日常生活のなかで自身に湧き上がる感情こそが,のちのち人類学的な発見にとっての「種」となることが多い.「主観」をデータにするためには,どのような状況下だったかという「文脈」についての説明,そのときの人びとの言葉(発話者を特定して,できるだけそのままの言葉を記録),それに対して自分がどう考え,どんな感情が芽生えたか.そしてその感情が日をおうごとになぜ,どのように変化したのか/しなかったのか……といった経過について

も記録しておく．ここで，「記録」というある種，客観的なことをするにあたって，感情はあるていど整理されるかもしれない．しかし，それを押し殺したり修正したりする必要はまったくない．自身からあふれだす喜怒哀楽のすべて，そしてその4つにはおさまりきらない不可解な感情のすべてを記録しておこう[*3]．これらは，自身の「当たり前」が崩された証であり，その足元の揺らぎをとおしてようやく，私たちは「他者」の世界観を少し理解することができるのである．それは，自分の世界の見え方（自身の「当たり前」）の崩壊と再構築の繰り返しである．すなわち，異文化を生きる他者と，そこに飛びこむ自分自身，その両方が調査対象なのであり，主観も客観もともに重要なのだ．

　人類学のフィールドワークとは，「想定の外」への終わりなき旅であり，フィールドワーカーは「想定外」に出会うたびに脱皮して変化し続けることができるのである．これこそがフィールドワークの醍醐味であると私は考えている．

参 考 文 献

Nakamura, K. (2005): *Adornments of the Samburu in Northern Kenya: A Comprehensive List*, Center for African Area Studies, Kyoto University

Spencer, P. (1965): *The Samburu: A Study of Gerontocracy in a Nomadic Tribe*, Routledge and Kegan Paul

中村香子（2002）:「おカネはミルク，おカネは水——牧畜民サンブルのレトリック——」，小馬徹編，くらしの文化人類学5・カネと人生，雄山閣，pp. 24-46

[*3] 私は，装身具の調査を行う傍らで，金銭のやりとりをめぐる驚きや怒りをとおしてさまざまな発見を経験した．それをまとめた拙稿（中村 2002）も参照いただきたい．

Ⅱ．人びととコミュニティを理解するためのフィールドワーク

3 コミュニティのフィールドワーク

鈴木鉄忠

はじめに――コミュニティはどこに？――

・ジブリ映画のような田園風景のなかにポツンと一軒があった．空き家らしい．家の持ち主と地域の人びとが空き家対策を話し合っている．

・集落の年中行事だった餅つきに参加した．地域のおばあちゃんたちが上手に杵と臼を使いこなす．昔話に花が咲く．

・地方の商店街を歩く．「空き店舗」「閉店」の張り紙をよくみかける．「学生の力を借りて活性化したい」と商店街の代表は熱を込めて挨拶した．

・平日の夜に公民館での地域の定例会合に参加した．年配男性たちから「人手不足」「若者が少ない」「活動がマンネリ化」といった声が上がる．

・駅からバスで30分のマンモス団地群を歩く．多言語の看板やエスニック料理の匂いを感じる．ここで外国籍住民向けの日本語教室が開かれる．

　地域のフィールド調査でこうした場面を体験するかもしれない．現場の人びと同士は仲が良く，一体感や連帯感をもっているようだ．こうした人びとのまとまりを「コミュニティ」と呼びたい気がする．でもまだ自信は持てない．コミュニティはあるようにもないようにも感じる．はたしてコミュニティはどこにあるのだろうか．あるとすれば，どう見つければよいだろうか．

　この章では，日本のコミュニティ調査に焦点を据えたフィールドワークを論じる．まず日本の共同体とコミュニティの歴史を概観する．その上で現代のコミュニティにはいくつものバリエーションがあることを確認する．次にフィールドワークの方法と手順をみていく．フィールドワークには準備，調査，記録，報告のステップがある．ただし段階的に進むわけではなく，フィールドのうごきに臨機応変に対応していくのがポイントとなる．その際に注意すべきことやコツは何かをみていく．

3.1 共同体とはどのようなものだったか

コミュニティを定義するのは難しい．それはとらえどろこのないものと感じられるからだ．ここでは辞書的な意味にこだわらず，この言葉の使われ方に注目しよう．するとコミュニティは，① 損得勘定をこえた「何か」を共有しており，② 他のグループとは一線を画した「われわれ感情」を伴い，③ それは居心地のよいものだと感じられる人びとの集まりを示している（コーエン，2005；バウマン，2017）．

日本でコミュニティに近いものがあると感じられた時代まで戻ってみよう．そのときは共同体と呼ばれていた．民俗学者の柳田国男はこう書き残している．

> 竈〔独立の生計を営む世帯——引用者挿入〕が小さくわかれてから後も，村の香はまだひさしくひとつであった．ことに大小の節〔年中行事〕の日は，土地によっては一年に五十度もあって，その日にこしらえる食品は軒並に同じであった．〔中略〕ちょうど瓶をあけ鮓桶をこれへという刻限までが，どの家もほぼ一致していたために，すなわち祭礼の気分は村のうちにただよいあふれていたのであった（柳田，2023：98）．

いまから百年以上前の話しだ．こうした「村の香」や「祭礼の気分」は村人たちを「あうんの呼吸」で結び付けた．たとえ世帯が分かれても，食べる品も時刻も村中でおおむね同じだった．圧倒的多数が農業に従事する村落共同体では，血縁と地縁，イエとムラは緊密に結びつき，一つの小宇宙を形成していた．都市も例外ではない．商人や職人は町内という比較的狭い範囲で共同生活を営んでいた．むろん意見の違いや結束のゆるみもある．だが語らずとも全員が一つの理解を共有する状態は，常にそこにあるものと信じられていた．

しかし，現代の日本でこのような共同体を見つけ出すことは難しい．柳田国男が先の文章を書いた 1930 年代初頭，「村の香」「祭礼の気分」は共同体から徐々に失われていった．19 世紀末から 20 世紀初頭の産業革命を通じて，こうした変化は不可逆的に進んだ．

戦後の高度経済成長はこうした変化を決定的なものにした．20 世紀後半以降，日本は農業社会から工業化社会へ，そして脱工業化社会へと急速に移行した．農村から東京・名古屋・大阪の三大都市圏への大規模な人口移動が起こった．かつ

て農地や山林だった郊外地区に集合住宅や工業団地が次々と造られた．都市的な景観と農村の風景が混在し，旧住民と他所からやってきた新住民が混住する郊外社会が生まれた．交通輸送網の発達と通信技術の発展は，都市化をさらに後押しした．村落共同体も例外ではない．生活面では上下水道の整備，家電製品の導入，自動車の普及といった都市的な生活が浸透した．農業面では，農業の兼業化，農機具の機械化，農薬や化学肥料の技術革新が進んだ．農村にも，集団より個人を優先する個人主義的な考え方や人間関係が持ち込まれた．

こうした時代の急変化のなかで「コミュニティ」という言葉が公に初登場した．1969年の国民生活審議調査部会の報告『コミュニティ——生活の場における人間性の回復』である．この報告書は，当時の時代状況を「古い共同体はその姿が否定され，崩壊に直面しているが，新しい時代の要求に合致した機能をもつ組織はわずかにその萌芽がみられるのみで，未だ模索の域を出ていない」と診断した．「村の香」の担い手だった「伝統型住民層」が家族や個人に解体していくのが第1段階だとすれば，「無関心型住民層」が多数派を占めるのが第2段階である．「古い共同体」の崩壊と無関心層の増大に対して，第3段階では，生活の場に根をおろしながら自主的に行動する「市民型住民層」による「コミュニティ」の形成に期待が込められた（奥田，1993）．

では，半世紀以上が経過した現在はどうだろうか．「脱却すべきもの」とされた「古い共同体」に関しては，環境意識の高まりや行き過ぎた消費社会への批判から，簡素な暮らしや旧来の共同行事を再評価する機運が出てきた．また，崩壊の最中にあるとされた村落共同体は，別の姿で都市や集落に生き続けているという報告もある．「無関心型住民層」をめぐる課題はかつてより深刻化したともいえる．「コミュニティ」の高い理想はいまも魅力的に語られるが，実現は道半ばと言わざるを得ない．よって，もはやない「古い共同体」の純粋形態と未だない「コミュニティ」の理想形態の中間地帯に，現実のコミュニティが複数存在するのが現状である．

3.2　現代のコミュニティとはどのようなものか

現代のコミュニティの姿は多様である．それならば整理整頓が必要だろう（表3.1の縦軸）．それはおおむね8つに分類できる（中筋，2023）．それぞれの特徴

表 3.1 コミュニティに注目した集団の類型

時間の持続性	短命	コミューン	機能集団	社会運動	都市コ B1	都市コ B2	営利企業	都市コ A	村落	長寿
空間の開放性	開放	都市コ B2	都市コ B1	機能集団	社会運動	営利企業	都市コ A	村落	コミューン	閉鎖
成員の多様性	多様	都市コ B2	都市コ B1	営利企業	機能集団	社会運動	都市コ A	村落	コミューン	均質
制度の強固さ	柔軟	コミューン	都市コ B2	都市コ B1	社会運動	機能集団	都市コ A	営利企業	村落	強固
行政との関係	希薄	コミューン	営利企業	社会運動	都市コ B2	機能集団	都市コ B1	都市コ A	村落	密接
歴史的順序	現代	コミューン	都市コ B2	都市コ B1	社会運動	都市コ A	機能集団	営利企業	村落	近世

注：村落＝村落共同体，都市コ A＝都市「だけれども」コミュニティ，都市コ B1＝都市「だから」
　　コミュニティの第 1 の道，都市コ B2＝都市「だから」コミュニティの第 2 の道，コミューン＝コ
　　ミューン，社会運動，機能集団＝単純な機能集団・アソシエーション，営利企業
出所：中筋 2023：132 の表に「行政との関係」を追記し，標記を一部変更して掲載

を確認しよう．村落共同体は，伝統の反復・再生を基本原理として，個人の自由
より村落の伝統的秩序を優先する．逆に都市コミュニティは，集団主義ではなく
個人主義を基本原理としており，個人の自主性と責任，異なる意見と利害をもつ
人びとの合意形成に基づく．ただし都市のなかにも「古い共同体」の伝統を努め
て保持するか，あるいは再創造しようと試みて，都市「だけれども」村落共同体
の連続性上にコミュニティを再生する試みがある．あるいは，あくまで個人の自
由と責任を尊重する都市「だから」コミュニティ形成の挑戦がある．こうした挑
戦には，行き過ぎた不平等と競争の是正，無関心層への働きかけや孤立者への支
援のために，行政や市場を上手に活用しながらコミュニティを形成する第 1 の道
と，行政や市場をあてにせず手弁当でコミュニティ形成を目指す第 2 の道がある．
課題解決の挑戦が社会一般へ広がると，社会運動が生まれる．あるいは，限られ
た小集団のなかで理想のコミュニティの実現を最優先する場合，コミューンが生
まれる．非営利組織やレクレーションの任意団体のように特定の目的の実現を目
指すのは機能集団・アソシエーションと呼ばれる．営利企業は利益追求の集団で
ある．

　社会運動，機能集団・アソシエーション，営利企業は，目的達成の手段として
集団を形成する．目的を成し遂げたら集団がなくなることもある．しかし村落共
同体，都市コミュニティ，コミューンは，集団の存続自体が目的である．なぜな
らコミュニティは，そこに属する人びとの居場所であり，自らの存在意義を確認
できる第 1 次集団だからである．この点がコミュニティとそれ以外の第 2 次集団
との大きな違いである．コミュニティは空き家や少子高齢化を解決する便利な手
段にもなるが，単にそれだけではない．永続することが目的なのである．ただし
コミュニティもそれ自体で存続し続けるのは難しい．そこでコミュニティのなか

から，課題解決や目的達成のためのさまざまな機能集団が生まれるのである．

　以上の集団類型を次の6つの特性で分解すると，現代のコミュニティの輪郭が見えてくる（表3.1の横軸）．第1に，集団がどれくらい長続きするか（時間の持続性）．第2に，地縁や居住事実や行政区域によってコミュニティの範囲が区切られるか（空間の開放性）．第3に，入会の資格や審査の有無など，よそ者がどれくらいコミュニティの一員になりやすいか（成員の多様性）．第4に，活動のルールや決定の手続きや組織形態が変化に対してどれほど強固か（制度の強固さ）．第5に，自治体との関係は強いか弱いか（行政との関係）．最後に，その集団形態が生まれた歴史的な順序である．

　このように現代のコミュニティは一枚岩ではなく，他の集団形態の特性を含む場合がほとんどである．農村の空き家利活用や集落の年中行事のフィールド調査の場合，まずは村落共同体の純粋形態を想定したうえで，現在は何が失われて何が残っているかに注目するのがよい．商店街の活性化ならば，都市「だけれども」地縁や血縁が色濃く残るコミュニティなのか，逆に都市「だから」多様な人びとでつくられるコミュニティなのか，あるいはショッピングモールと何ら変わりない営利企業の集まりなのか，などを問うことができる．多文化団地の外国籍住民向けの日本語教室は，特定の目的達成をめざす機能集団だが，その背景には国籍や宗教の異なる人びとが集まる都市「だから」コミュニティが背景にあるかもしれない．このようにどのようなコミュニティの姿をフィールドワークするのかを推定しておくのがよいだろう．

3.3　現代のコミュニティをどうフィールドワークするか

　フィールドワークは，調べようとする出来事が起こる現場に身をおいて調査を行うときの作業である（佐藤，2006）．この調査方法を確立した文化人類学者のマリノフスキによれば，① 現場の事実に関する様々なデータを系統的に収集・整理し，② 観察から得た現場の実生活と行動パターンに関する質的データをフィールドノートとして記録し，③ 現地の人びとの語りと語り口をできる限り忠実に記録して発表することをフィールドワークの方法とした（マリノフスキ，2010）．これらの前段階に準備作業を入れると，準備→観察→記録→公表の流れで進むことになる（図3.1）．ただし，実際のフィールド調査は何度も軌道修正し

3.3 現代のコミュニティをどうフィールドワークするか

出所：筆者作成

図3.1 フィールドワークの手順

ながら，ジグザグに進む．それを承知のうえで，各段階の要所を確認しよう．

準備段階では調査フィールドの下調べが大事になる．フィールドに行かなくてもわかることは調べ上げるべきだ．調査地の市町村や都道府県の人口推移，年齢人口比，産業構造，主要な産業などの情報はネットで簡単に調べられる．市町村名に総合計画のワードを合わせて検索すると，公式の文書データを入手できる．自治体広報もほぼ電子化されているので，行政側の最新情報が手に入る．Wikipediaは便利だが，不正確な情報をつかまされるかもしれない．それなら辞書・百科事典の横断検索ができるコトバンクで検索する方が，やや古いが信頼できる地域情報の概要が得られる．内閣府の運営する地域経済分析システム「RESAS（リーサス）」は，全国地域のお金や人の流れをグラフやマップで可視化できる便利なツールである．また最近では地域組織や機能集団も公式サイトを設置することが多く，活動理念や規模や沿革を知ることができる．これらの準備作業から，調査するコミュニティの「空間の開放性」「制度の強固さ」「行政との関係」の大枠を知ることができる．もはやデジタル空間のフィールドワークは，リアルなフィールド調査に劣らず重要な準備作業である．

だがネットで探しきれない情報もまだ多い．例えば市町村よりも小さな範囲の地区や部落や字の情報である．日本の地方自治体は，明治・昭和・平成の3度の市町村合併を通じて，複数の村を一つの町に，複数の町を一つの市に再編したケースが多い．だが実際の地域コミュニティの基礎単位は，合併前の旧町や旧村，さらに小さな地区や部落や字であることが少なくない．村落共同体の人間関係や都市「だけれども」コミュニティが現代に存続するゆえんである．そこで合併前に

発行された市町村誌を図書館で探す．なければ地域の公民館や支所で探す．分厚い市町村誌を読むのに苦労する場合，まんがの郷土史や簡易版があれば重宝する．これらはコミュニティの「歴史的順序」の把握に役立つ．

さらに掘り下げた情報は，書籍や論文を検索するサイト「CiNii」（NII 学術情報ナビゲータ）や「IRDB」（学術機関リポジトリデータベース）が役立つ．無償でダウンロードできる文献も増えてきた．

地方新聞も重要な情報源だ．現地に到着したらコンビニなどで買い求めるといい．全国紙には載らない地域の最新動向や行事を知ることができる．運がよければ行事に参加することもできる．地域にとって優先順位の高い話題や課題，地域で活動する機能集団やキーパーソンを記事から類推できる．

いよいよフィールドワーク開始となれば，観察・聞き取り段階に入る．「百聞は一見に如かず」が観察法の強みである．なかでもコミュニティの「成員の多様性」は現場に行かなければわからないことが多い．というのも現代のコミュニティは，決して一枚岩ではなく，多種多様な人びとから成り立っているからである．それは村落でも都市でも同じである．その場に誰がいて，誰がいないのか．誰が仲間であり，誰がよそ者であるとフィールドの人びとは思っているのか．コミュニティの内外の境界をどう意味づけしているのか．最近では大都市に住みながら地方都市や過疎地域と定期的な関わりをもつ人びとも増えてきた．また日本の「古い共同体」の場合，祖先や自然や動物の存在も境界の内部に含まれていた．よって現代のコミュニティの境界は，いま地域に住んでいない人びとを含むこともあれば，人間以外の自然や動植物の存在を含むこともある．

ただし観察でわからないことも多い．そのため聞き取りやインタビューを併用するのが普通である．「百見は一聞に如かず」が強みのインタビューは，コミュニティの存続や存在意義に人々がどう意味づけするのかを理解するのに有効である．正式なインタビューだけでなく，何気ない会話や問わず語りも重要なデータになるのでできる限り記録しておこう．

通常は何度もフィールドに通いながら調査の問いと仮説を練り上げていく．それに応じて観察と聞き取りのポイントは変化していく．そのため，フィールドワークの文脈を意識するのがよい．まず「誰が言ったのか，行動したのか」の軸がある．複数の人びとの会話や語りといった相互作用なのか．その集団をよく知っているキーパーソンや代表者なのか．それとも個々人の語りや行いなのか．よそ者

3.3 現代のコミュニティをどうフィールドワークするか

からの意見や理解なのか．そしてもう一方の軸として，それらが「いつ，どのような場面で語られ，行われたのか」の場面分けが大事である．日常性や雑事の場面は，繰り返し行われるだけに，かえって簡単には変わらない根深さがある．共同行事や非日常の場面は，集団のまとまりや持続性が目に見えるかたちで現れる瞬間である．あるいはインタビューや会議といった公的な場面での行動や語りは，日常性や共同行事とは別のものになることも少なくない．コミュニティのまとまりと境界に関する現場の人びとの意味づけは，抽象的に現れるのではなく，こうしたフィールドの具体的文脈のなかで表現される．

フィールドでの観察と聞き取りと並行して始まるのが記録作業である．フィールドノートの作成で頭をよぎる苦い体験がある．現地調査をしたけれども，疲れ果てて（という言い訳をして）記録を書けなかった．後日，指導教員の先生にそのことを話すと，「フィールドノートを書いていないならフィールドワークをしていないのも同然だ」という手厳しい返答だった．現場に行ったことだけで満足していた私は面食らった．確かによいフィールドノートを書きあげるためには，よく観察しなければならない．そのためには何に注意を向けるべきか，調査計画を入念に立てる必要がある．フィールドノートがない（または不十分な）報告書は，根拠を欠いた感想文の域を出ない．分厚いフィールドノートを書きあげることがどれほど重要かということである．

フィールドノートの作成のコツは，忘れないうちに早く書くことに尽きる．初期段階はひたすら詳細かつ大量に書く．そのために二段階に作業を分けるとよい．まず速記版フィールドノートでは，現場メモをもとに当日か数日後（遅くとも1週間以内）に覚えていることをすべて文章にする．箇条書きではなく，文章化することに注力する．誤字脱字は気にしない．時系列順番でも一番書き残したい箇所からでもよい．一通り書き終わった後，読み返しながら誤字脱字の修正や文章表現の訂正を行う．これを清書版フィールドノートとする．

生き生きしたフィールドノートには，具体的な記述が必要である．それは上手なグルメリポーターの解説に似ている．単に「おいしい」を連呼するだけでは視聴者に伝わらないように，「こう思った」「感じた」ばかりでは読者に伝わらない．そこで「思った」「感じた」の具体的な根拠（見たものの色や形や大きさ，音や匂いや雰囲気，人物の外見，服装，身なり，出来事の流れ，会話のやりとり，問わず語りなど）を書き加えると，生き生きした記述に近づく．

フィールドノートの構成には，3つのタイプがある．第1は静止画のようにある場面を切り取り，様々な感覚情報や自分の印象を含めたスケッチ描写を行う．第2は動画のように，ある一定の時間に展開する人びとのやりとりや言動をエピソードとして描写する．第3は複数のエピソードを結びつけた物語の描写である．フィールドノートはこれら3つの編み合わせでできあがっていく（エマーソンほか，1998）．

フィールドノートをどこまで詳しく書くかは，書き手の選択による．時間や能力の制約はもちろんのこと，フィールドワーカーの調査関心に左右される．調査の進展とともにリサーチクエスチョンが確定すれば，先に述べた表3.1と観察・聞き取りの文脈に焦点を絞った観察と記録作成に注力する．なお現場でメモが取れるならば，メモ帳や携帯電話に記録する．現場の許可を得たうえで，静止画や動画や音声録音のデータも非常に役に立つ．

最後の段階は報告である．フィールドワークで得た知見を公表する．そうした成果物は，コミュニティの全体像やいくつかの重要な側面を詳細に描いたモノグラフや，特定の人間集団を描いたエスノグラフィー（民族誌）と呼ばれる．

公表する報告書が目指すゴールとは何か．マリノフスキによれば，現場の人々の「心的態度」に迫ること，数値化できないけれどもコミュニティ全体のうごきと個々人の行動に方向性を与える「不可量部分」の解明である．何をすべきで何をすべきでないかを内面から突き動かすこの「力」は，フィールドの人びとの行動の観察と語りの解釈から解明可能であると彼は考えた．これは至難の業だけれども，だからこそフィールドワークを行う意義があり，フィールドノートと成果報告書に独自の価値が生まれる．

おわりに──未発のコミュニティのフィールドワーク──

この章では，まずかつての日本の共同体の姿と，その百年余りの間の変化を概観した．現代のコミュニティには複数の姿がある．調査者自らが現場に身をおきながら，準備・観察・記録・報告からなるフィールドワークの方法に従い，ときには臨機応変に対応しつつ，コミュニティの生きた姿と現場の人びとの「心的態度」を捉えていくのである．

ここで最初の問いに戻ってまとめよう．コミュニティはどこにあるのだろうか．それをフィールドワークで見つけることはできるのか．かつてのように揺りかご

から墓場まで一体感と強固な制度に支えられた「古い共同体」は，もはや存在しない．個人の自由と選択（その表裏として不平等と競争）を基本原理とする現代社会において，コミュニティは宿命ではなく，人々の選択の結果として，出現と変容と消失を繰り返す．半世紀以上前に期待を託されたコミュニティの理想形は，小さな集団にとどまるか，短命に終わるか，無関心層に埋もれるか，行政や市場とどう距離を取るか，難しい選択を迫られる．もし私たちが損得をこえた「何か」を誰とも共有できず，一体感も居場所も見いだせないならば，コミュニティは無関心と自己利害の後景に退くしかない．あるいは「共通の敵」を政治的につくりだし，よそ者を排除することで結束を確めあう閉じたコミュニティが増大することも考えられる（アンダーソン，2007）．それとも，違いを尊重しあい，人間も人間以外もその存在が静かに尊重されるような「未発のコミュニティ」（新原，2016）が立ち現れるのだろうか．個人の個性と自由を活力にしながら，よそ者に寛容なコミュニティはいかにして可能か．現代コミュニティの多様な姿をとらえ，この難問に答えることが，現代のコミュニティのフィールドワークに課された挑戦だろう．

参 考 文 献

アンダーソン，B 著，白石隆，白石さや訳（2007）：定本　想像の共同体，書籍工房早川
エマーソン，R，フレッツ，R，ショウ，L 著，佐藤郁哉，好井裕明，山田富秋訳（1998）：方法としてのフィールドノート，新曜社
奥田道大著（1993）：都市型社会のコミュニティ，勁草書房
コーエン，A. P. 著，吉瀬雄一訳（2005）：コミュニティはつくられる，八千代出版
国民生活審議会調査部会（1969）コミュニティ──生活の場における人間性の回復
佐藤郁哉（2006）：フィールドワーク　贈呈版，新曜社
中筋直哉（2023）：「都市社会学のコミュニティ論」，吉原直樹編著，都市とモビリティーズ，ミネルヴァ書房，pp. 109-150
新原道信編著（2016）：うごきの場に居合わせる，中央大学出版部
新原道信編著（2022）：人間と社会のうごきをとらえるフィールドワーク入門，ミネルヴァ書房
バウマン，Z. 著，奥井智之訳（2017）：コミュニティ，ちくま学芸文庫
マリノフスキ，B. 著，増田義郎訳（2010）：西太平洋の遠洋航海者，講談社学術文庫
柳田国男，佐藤健二校注（2023）：明治大正史　世相篇，角川ソフィア文庫

Ⅱ．人びととコミュニティを理解するためのフィールドワーク

4 移民社会のフィールドワーク
―― カラーチーの「ベンガリー」移民 ――

小野道子

4.1 私のフィールド ――パキスタン カラーチー市――

　私のフィールドワークの調査地は、パキスタンのカラーチー市である。パキスタンは、1947年8月14日24時=15日0時、200年にも及んだイギリス植民地支配からインドと分離して独立を果たした（パキスタンの独立記念日は8月14日、インドは8月15日である）。現在のパキスタンは、人口2億4千万人を超える世界第5位の大国であり、人口の97%がイスラム教徒である。

　カラーチー市は、イギリス領時代から栄えた南アジア最大級の港を持ち、1959年までパキスタンの首都として栄えた。当時のパキスタンは、東パキスタン（現在のバングラデシュ）と西パキスタン（現在のパキスタン）というインドを挟んで東西1800キロも離れた二つの地域に国土が分離していた。1971年、東パキスタンがバングラデシュとして独立し、かつて西パキスタンと呼ばれていた地域が今はパキスタンとなっている。

　現在のカラーチー市は、シンド州都として人口2000万人を超えるパキスタン最大の都市である。日本にいると、パキ

図4.1 パキスタンの地図（筆者作成）

スタンという国はイスラム過激派によるテロや暴動など「危ない国」というイメージを持っている人も多いかもしれない．カラーチーも暴力的な派閥抗争や民族抗争が続いていたが，その背景には多様な民族を抱える移民のまちであることも影響している．パキスタンは多言語社会であり，パンジャーブ州，シンド州，バローチスターン州，ハイバル・パフトゥーンフワー（KP）州の主要4州から構成されている．首都として，またシンド州都としてパキスタン経済を牽引してきたことから，カラーチーには，KP州からのパシュトゥーン，パンジャーブ州からのパンジャービー，バローチスターン州からのバローチーなどの国内のさまざまな地域の民族が移住してきた．元々カラーチーに住んでいた民族はシンディーと呼ばれるシンド州土着のシンド語話者であるが，現在のカラーチーの市内人口に占めるシンディーの割合は11%に過ぎない．カラーチーの民族構成は，ウルドゥー語を母語とするムハージル（42%），パシュトゥーン（15%），パンジャービー（11%），バローチー（4%）などである．

　ウルドゥー語を母語とするムハージルは，1947年のインド・パキスタン分離独立の際に現在のインド側から移住したムスリムたちである（同時期にパキスタン側のヒンズー教徒がインド側に移動した）．他にも，カラーチーには外国にルーツを持つ移民が数多く存在する．1960年代以降，特にバングラデシュ独立後の1970年代から90年代にかけて最も多く流入している「ベンガリー」，バングラデシュ独立戦争の際にバングラデシュ側に取り残され，パキスタンに「帰還」したビハーリー，1979年以降はソ連によるアフガニスタン侵攻によって難民となったアフガニスタン出身者などである．

4.2 「ベンガリー」と呼ばれる人びと

　私のフィールドワークの対象は，カラーチーで「ベンガリー」と呼ばれる人たちである．カラーチーの人口の10%以上にあたる200万人以上の「ベンガリー」のうち，現在のバングラデシュ（1971年までの東パキスタン）出身者が大多数で，25-35万人程度がミャンマーのアラカン地方出身者（バルミーやロヒンギャとも

写真 4.1 カラーチーのスラムの様子（2020 年 1 月 筆者撮影）

呼ばれている[*1]）である．

「ベンガリー」は，パキスタン国民の身分証である CNIC（Computerized National Identity Card）を取得できず，市民権のない無国籍状態にある人たちも多い．カラーチー市内のカッチー・アーバーディと呼ばれるスラムのなかでも特に水衛生環境や治安が悪く，停電が 1 日に 12 時間にも及び，ゴミも回収されないような地域に住む人々が大多数である（写真 4.1）．ID カードの提示を必要としない小規模工場や魚や野菜などの生鮮品の行商，漁業などの日雇い仕事に就いていることが多い．

1960 年代から 90 年代前半にかけてカラーチーに移住している人が多く，現在，移民 1 世は少なくなり，子や孫など移民 2 世や 3 世が多数を占めている．「パキスタン市民権法（Pakistan Citizenship Act）」の規定により，1978 年 3 月 18 日以前に旧パキスタン領土内（＝現在のバングラデシュ）から来たことを証明できなければ 18 歳（成人）になった際に CNIC を取得できず，その子や孫も CNIC を取得できない[*2]．市民権法の規定では，ミャンマーのアラカン地方出身者は，旧

[*1] ミャンマーでは，「ベンガリー」と呼ばれることが侮蔑的でさまざまな差別や迫害を受け，国を追われバングラデシュの難民キャンプなどに暮らす人たちが多くいる中で，カラーチーには積極的に「ベンガリー」を名乗る人たちがいる．カラーチーでは，教育を受けたエリートたちやバングラデシュの難民キャンプに家族や親戚がいるなど限られた人たちだけがロヒンギャを名乗り，多くのアラカン出身者たちは「ベンガリー」あるいは，「バルミー」と名乗る．

[*2] CNIC は，以前は NIC（National Identity Card）と呼ばれる紙媒体の ID カードであったが，2000 年以降にデータベース化されたことで厳格化された．アフガニスタン出身者も含めたパキスタン生まれの外国移民の子どもには CNIC を取得できるようにすべきという政策も掲げられたが，実現には至っていない．

パキスタン領土内の出身ではないため，原則的に市民権を得ることはできず（偽の出生証明書を作成したり賄賂などを支払わない限り），IDカード取得のためには「ベンガリー」（＝バングラデシュから来た人，ベンガル語が母語の人という意味）を名乗る必要がある．バングラデシュ（東パキスタン）出身のベンガル人であっても 1978 年 3 月 18 日以前に移住したことを証明できる書類（汽車やフェリーのチケット，配給カードなど）がなければ CNIC を取得できないため，多くの「ベンガリー」が無国籍の状態にある．

　無国籍の状態にあることで，さまざまな不利益を被ることになる．IDカードを提示する必要のないインフォーマルセクターの仕事に従事せざるを得ず，パキスタン国民であれば享受できるはずの公立病院での基礎的医療の無料診察や投薬，予防接種（コロナワクチン含め）などを受けることができない．長距離バスや汽車，飛行機の切符を買えず移動の自由がない．銀行口座を作れないため，マイクロクレジットや生活保護（寡婦や貧困層のための給付）も受給できない．親の CNIC を提示できなければ，子どもは 9 学年以上に進級できず[*3]，小学校への入学さえ拒否される場合もある．CNIC を申請するには親の CNIC が必要なため，無国籍や貧困の状態は次の世代にも連鎖されていく．

4.3　「ベンガリー」の人びとについてのフィールドワーク

　私のフィールドワークの対象者は，「ベンガリー」のなかでも，特に，「路上」[*4]で働いている子どもたちと子どもに同行し，見守り／監視を行っている母親たちである．子どもたちが物売りや物乞いを行うマーケットや交差点などでインタビューすることは難しいため，「路上」で約束をとりつけ（母親たちからおおよその住所と携帯電話を持っている場合には番号を聞き，近くまで行った時の目印や息子や夫などの案内人を聞いておく），家庭訪問を行っている．

[*3]　パキスタンでは 9 学年と 10 学年で中等教育（10 年生）修了試験を受験するため，試験前に親の CNIC がないと受験させない学校が多い．

[*4]　「路上」と鉤括弧書きにすることには理由がある．筆者が調査対象としているのは，いわゆる「ストリートチルドレン」の範疇に入る子どもたちであるが，当事者の子どもたちや母親たちは，マーケットや交差点の名前を固有名詞で呼んでおり，「路上（ストリート）」という言葉は使わない．「路上」という言葉を用いているのは，筆者のような研究者であったり NGO 関係者であり，当事者たちが名付けている場所ではないため．

「路上」で働く子どもたちへの支援施策や移民政策，支援状況などマクロな文脈についても知る必要があるため，社会福祉局，警察や外国人登録局などの政府機関，UNHCR や UNICEF などの国連機関，NGO や民間支援団体，「ベンガリー」の市民権獲得のために活動する政党や地方議会議員などからも聞き取りを行っている．他の外国移民の状況と比較するために，アフガニスタン出身者やビハーリーが多く住むカッチー・アーバーディを訪問し，地域の人びとや支援団体などからも話を聞くようにしている．

　そもそもなぜ 200 万人もの「ベンガリー」の人たちがカラーチーに居住しているのか，どのような経緯でカラーチーに移住してきたのかという歴史的文脈も理解する必要があるため，市内のさまざまなカッチー・アーバーディーに住む移民1 世など移住の経緯をよく知る人たちにも話を聞いている．1971 年まで運行していたバングラデシュのチッタゴン港からカラーチー港へのフェリーで来た人，バスや徒歩で何十日もかけてインド亜大陸を横断してきた人，アラカンでのムスリムへの迫害から逃れて 12 歳の時に 1 人で国境を超えてバングラデシュ側に入り，何年もかけてようやくパキスタンに入国できた人など，それぞれに移住のドラマがある．1960-70 年代にカラーチーに移住してきて，移住当時の記憶が残っている当時 10 代後半以上だった人たちは，60 代から 80 代になっており，すでに死亡している人も多い．今，この真実を聞き取らなければ，彼らの記憶は歴史から葬り去られてしまうだろうという危機感を持って調査に取り組んでいる（実際，数ヶ月から半年ごとにカラーチーを訪問するたびに調査に協力してくれた人たちが亡くなっているが高齢者が亡くなる割合は特に高い）．

　遠い外国に住む筆者ではなく，言語や文化を理解する南アジアの研究者が調査をした方が良いのではと思うこともあるが，政治的問題にもなり得る外国移民の問題に首を突っ込みたいと考えるパキスタン人研究者は少ない．バングラデシュやミャンマーの研究者がパキスタンへの入国ビザを得ることも難しい．複雑な背景にある移民の人たちについての調査に第 3 国の外国人である筆者が関わることの意味はあると思っている．

　そもそも私がなぜ，「ベンガリー」の人たちに関心を持ったのか，お話ししておきたい．私は学部時代に，バングラデシュの首都ダッカで女の子たちの中途退学についてのフィールドワークを行って卒業論文を書き上げた．その後もバングラデシュの農村開発やジェンダーに関する調査を行っていた．ベンガル語は学部

時代から学んでいたために，パキスタンを初めて訪れた時から，私のウルドゥー語はベンガル語訛りが抜けない状況で，パキスタン人に馬鹿にされることも多かった．そのような中，カラーチーの「路上」で寝泊まりしている「ベンガリー」の子どもたちに出会った．なぜここに「ベンガル語を話す人たちが？」と思ったものの，パキスタンとバングラデシュは元々同じ国であるので，住み着いている人たちがいてもおかしくない．私の元々の関心はバングラデシュであったので，カラーチーに「ベンガリー」と呼ばれる人たちが住んでいることを知り，とてもワクワクし，自分が人生を賭けるべきフィールドだと決意した．カラーチーの「ベンガリー」という研究テーマは，他の研究者が誰もやっていないニッチ（隙間）であった．

　2008 年以来，カラーチーの「ベンガリー」コミュニティを訪ね歩くフィールドワークを始めた．最初に調査を始めた際は，「ベンガリー」の居住地域は，今以上に治安も環境も悪かったため同行してくれるパキスタン人を探すのが大変であった．「ベンガリー」の人たちへのあからさまな差別もよく聞いた．80 万人のもの人びとが住む南アジア地域で最大規模の「マッチャル・コロニー」と呼ばれるスラムは，正式名称は「ムハンマディ・コロニー」である．しかし，ウルドゥー語で蚊を意味する「マッチャル」（「ベンガリー」の多くが漁業に従事していることから魚を意味する「マチュリー」が語源であるという人もいるが）という侮蔑的な呼称で呼ばれ，マラリアと人身売買の温床とも言われていた．パキスタンという地に移住したバングラデシュにルーツのある人たちが差別にあっていることを見逃したくないという気持ちがフィールドワークを続ける原動力になった．

　2009 年にカラーチーの路上で働く移民の子どもたちについての論文を書き上げてから，カラーチーの「ベンガリー」の子どもたちのことが頭から離れず，2017 年に再びカラーチーで調査を始めた．ちょうど 2017 年のアラカンでのムスリム迫害が激化し，70 万人以上のロヒンギャの人たちが隣国バングラデシュに避難している時であった．2009 年の調査時には，「ベンガリー」のなかにアラカン出身者がいるという確証がなかったが，アラカン出身ムスリムのことも調べ始めた．

　家庭の事情で長期滞在が難しかったため，2017 年の 7 月から 2020 年の 2 月まで計 7 回にわたって，1 回あたり 2-3 週間のカラーチーへの訪問を続けて博士論文を書き上げた．バングラデシュの農村で調査を行っていた時には農村に住み込

んでいたが，カラーチーの安全面での課題を考えると調査地域に宿泊しての調査は難しかった．極力，雨季，乾季などさまざまな季節を経験できるように調査スケジュールを立て，カッチー・アーバーディーでの滞在時間を長くし，お腹を壊しながらも現地での食事のお相伴にもあずかった．同じ家を何度も訪問するので最初は警戒され，迷惑にも感じられたと思うが，段々と心を開いてもらえるようになったと感じている．コロナ後の現在も半年の1度カラーチーに通い，「路上」で働く「ベンガリー」の子どもたちのその後を追っている．

4.4 「ベンガリー」の人たちへのフィールドワークで大切にしていること

4.4.1 信頼関係の構築

フィールドワーク成功の可否は，調査に協力してくださる人たちとの信頼関係（ラポール）の構築にかかっているが，移民の方々への調査を実施するにあたっては，細心の注意を払う必要がある．一口に「ベンガリー」移民と言っても，出身地や民族，移住してきた年代など多様な人たちである．同じバングラデシュ（東パキスタン）出身者であり，バングラデシュの例えばコミラ県という同じ地域の出身者であっても，いつパキスタンに入国したのか，CNIC を取得しているのか否かで置かれている状況が異なる．CNIC を賄賂で取得している人も多く，ID カードの更新時期に無事に更新されなければ自分や家族の人生設計が狂ってしまう．そのため，自分や家族の出自や移住の歴史，CNIC の有無などは，近所の同じ民族の人たちや仲が良さそうに見える人たちにも語っておらず，本当に信頼できるのは自分の家族だけという人もいる．

調査協力者についての情報を他人に漏らさないことは，フィールド調査における倫理的配慮として欠かせないことであるが，インタビューを行う場所や環境（家のなかでも近所の人が出入りしていないかなど），情報の扱いには注意が必要である．調査対象者が「ベンガリー」と名のる場合，その人がバングラデシュ出身者なのか，ミャンマーのアラカン出身者なのかは調査においては深入りしたいところではあるものの，本人が出身地を明らかにせず，「ベンガリー」とだけ主張するのであれば，当人の生活の安全保障にも関わることであり，当事者の語りや意図を大事にする必要がある．

信頼関係の構築にあたっては，調査に協力してくれる人たちの言葉を少しでも

話すことが重要である．筆者はベンガル語とウルドゥー語の日常会話に問題はないものの，英単語を全く理解しない人たちとの詳細な会話は難しい場合があるため，20代のパキスタン人女性（バンジャービー）を通訳補助兼調査助手兼ボディーガードとして雇用している（彼女は空手の黒帯保有者である）．通訳補助者には，「秘密保持に関する誓約書」に署名してもらい，通訳に必要なメモ類を除き，インタビュー内容を記録しないこと，使用したメモ用紙はインタビュー後に廃棄すること，インタビューで得た情報を他人に漏らさないことを遵守してもらっている．標準ベンガル語やウルドゥー語を理解しないアラカン出身者との会話は彼女には難しいため，アラカンの言葉からウルドゥー語に通訳してくれる人をその場の状況でお願いしている．挨拶だけでも現地の言葉でできると調査に協力してくれる人たちとの距離はぐっと縮まる．

　学部の文化人類学の授業で文化相対主義を学び，相手の目線に立つことを身につけてきたつもりであるが，停電で扇風機も回らない暑い部屋で体力的限界を感じつつ調査の相手と誠実に向き合うことは簡単ではない．何度も家に通っているアラカン出身の女性から「自分が誠実であれば，他者も自分に誠実に接してくれる．自分が誠実でなければ，他者も誠実に接してはくれない」という彼女の座右の銘を教えてもらった．自分の心がけ次第で相手に対して見えてくるものも異なってくるというこの言葉を肝に銘じておきたい．

4.4.2　ムスリム社会の女性や女の子たちへの調査における配慮

　移民であることに加え，女性や女の子であることが二重の制約になる場合もある．パキスタンはイスラム教を国教とする国であり，カラーチーのような大都会でもパルダと呼ばれる男女隔離の慣習が強く残っている（貧しい家庭だけでなく，裕福な家庭でもパルダの慣習が強い家庭もある）．調査に協力してくれている家庭でも，一定年齢以上の女の子や母親は近所に買い物に出かけることも難しい（にもかかわらず，高級住宅街の「路上」で物売りや物乞いを行う女の子たちや付き添いの母親がいることに衝撃を受けて，この研究を始めた）．アラカン出身者の方がバングラデシュ出身者よりもパルダが強い傾向にある．アラカン出身の女性たちは外では働かず，縫製工場などで，また家事使用人として働いているのはバングラデシュ出身の女性たちの方が多いが，あくまでも一般的な傾向であり，家庭による差が大きい．

写真 4.2 女の子と母親へのインタビューの様子

　外国人であっても男性が女性にインタビューを行うことは嫌がられる．特に，アラカン出身者は保守的であり，男性は女性がいる家に入ることすら難しく，外に待たされる場合もある．筆者のような外国人女性は特権的に男性にインタビューをすることが許されることが多いものの，保守的な家では，客間に通されても，父親などの男性家長が現れないことは何度か経験した．初潮を迎えると成人女性と同じ扱いを受けるため，10代後半の女の子や女性の顔写真を撮る際には，必ず許可を撮ることが必要である（許可が降りない場合もある）．

　子どもへの調査にあたっては，一部屋に家族8人で住んでいるような家も多いため，子どもだけから話を聞けるようなプライバシーの確保が難しいこともある．子どもとの信頼関係ができる前は，まずは親との信頼関係をつくり，母親や姉妹など子どもが信頼できる人にも一緒に同席してもらうことでリラックスできる環境を提供する（写真4.2）．外国人女性という目立つ存在が家に出入りすることで近所の人たちから不審の目を向けられるなど迷惑をかけてはいけない．過度に目立たないように，現地の民族衣装を着て訪問することはもちろん，モスクからのアザーン（礼拝のよびかけ）が聞こえればいったんインタビューを中断し，髪にスカーフをかけるなども相手側への配慮として行っている．

4.5 移民社会のフィールドワークの醍醐味

　移民社会のフィールドワークというのはワクワクするものである．それは私自身が10年以上にも渡って外国に暮らす経験（自分自身の移動の民としての経験）をしてきたからかもしれない．これからフィールドワークを志す人には，学問的また社会的意義も大切であるが，ぜひ自分自身がワクワクできる研究テーマを見つけてほしい．外国の中での移民社会を経験することは，日本における移民社会を考えることにもつながり，日本の国際化についても考えるきっかけとなる．

　「ベンガリー」の人たちが，CNICという身分証を持てずに偏見や差別を受ける逆境に置かれながらも，逞しく生きている姿に私自身はとても勇気づけられた．ジェームズ・スコットは，その著書 *The Art of Not Being Governed: An Anarchist History of Upland Southeast Asia*（日本語訳『ゾミア―脱国家の世界史』）の中で，東南アジアでゾミアと呼ばれる「国家の支配をかわす」（スコット，2013：343）人々を描いているが，賄賂でCNICを取得し，日々を生き抜いている「ベンガリー」の人々の姿にも重ねられる．市民権がないために国からの支援＝公助がなく，地域コミュニティからの助け＝共助もなく，自助でやっていくしかない人たちが，自分たちでより良い生活を求めて葛藤している姿は，普段日本で生ぬるい生活を送っている自分に喝を入れてくれる．誰も助けてくれないからと諦めるのではなく，道を切り開いていくことが可能なことを示してくれる．

　移民社会でのフィールドワークの醍醐味とも言える経験をした．カラーチーでの移民フィールドワークが日本での移民フィールドワークにつながったのである．あるとき，私がカラーチーのアラカン出身者たちに調査をしていると聞きつけた自称「ロヒンギャ」の男性が私に会いたいと言ってきた．埼玉県に住んでいる「兄」と日本語で話してほしいと言われ，彼のスマートフォンのWhatsAppで会話し（後日，血縁関係のある兄ではなくアラカンの同じ村の出身だけであったということが判明），日本に帰ったらぜひ会いに行ってほしいと頼まれた．そこから，日本在住の「ロヒンギャ」の方々とつながり，交流が始まった．

　カラーチーのスラムでのフィールドワークは過酷である．エビの皮むき工場や魚介類の加工場がひしめき合う中に生臭い匂いが立ち込める．どんなに詳細なフィールドノートを書いたところで，映像に残したところで，この匂いだけは行っ

た人にしか実感してもらえない．雨季の洪水で足を泥水に浸かりながら歩かなければならない時もある．しかし，そんな辛い体験をも吹き飛ばすような嬉しいことやすばらしい出会いもたくさん起きる．それこそがフィールドワークに行った人にしか味わえない宝である．ぜひ，読者の皆さんにもそういう体験をしてもらいたい．

参 考 文 献

小野道子（2019）:『ベンガリー』として生きるロヒンギャの人々──カラーチーに住むロヒンギャの人々の『語り』から，塩崎悠輝編著，ロヒンギャ難民の生存基盤──ビルマ／ミャンマーにおける背景と，マレーシア，インドネシア，パキスタンにおける現地社会との関係，上智大学イスラーム研究センター SIAS Working Paper 30, pp. 69-89

スコット・ジェームズ，C. 著，佐藤仁監訳（2013）: ゾミア──脱国家の世界史──，みすず書 房（Scott, James C., 2009, *The Art of Not Being Governed: An Anarchist History of Upland Southeast Asia*, Yale University Press.）

III

社会の仕組みを理解するためのフィールドワーク

Ⅲ. 社会の仕組みを理解するためのフィールドワーク

行政を理解するためのフィールドワーク

沼尾波子

はじめに

本章では，行政を対象としたフィールドワークを考える．行政を対象に調査を行う場合，大きく分けて2つのケースが考えられる．第1に，行政そのものを研究対象として，その行動を観察し，政策形成プロセスを理解する目的で調査を行う場合である．第2に，さまざまな社会課題について調査を行うにあたり，現状を把握し，政策を把握するために行政で調査を行う場合である．前者は，行政そのものが観察対象であるのに対し，後者は，行政で情報収集を行うことが主な目的となる．

多くの読者にとって，行政は情報収集先として調査対象となるが，行政そのものを観察対象とするケースは多くないかもしれない．だが，本章ではこの両者を取り上げ，フィールドワークの方法や成果について考えてみることとする．

5.1 行政に対するフィールドワークの意義と方法

5.1.1 行政とは何か

はじめに，本章で取り上げる「行政」について整理する．行政は，国家の機能のうち，立法，司法以外の領域を指す．国であれば内閣を頂点とした中央省庁などの機関を指し，国会や裁判所は含まれない．また，地方自治体であれば，都道府県や市町村などにおいて，議会を含まない執政部門をいう．

行政が担う政策分野は多岐にわたる．図5.1は，中央政府の機構を示している．国では各省庁が役割分担を行いながら，社会や経済に関わるさまざまな政策を担っている．したがって，特定の政策課題について調査を行う場合には，その政策課題を扱う省庁を見定める必要がある．学校教育行政であれば文部科学省，生活保護行政であれば厚生労働省など，調査先が比較的明快な政策分野もある．だ

5.1 行政に対するフィールドワークの意義と方法

(令和5年8月1日時点)

図 5.1 国の行政機関の組織図（内閣官房資料より）

が，なかには複数の省庁が横断的に業務を担っている場合があり，注意が必要である．例えば，生活困窮者に対する居住支援策は，厚生労働省（福祉政策）と国土交通省（住宅政策）が共管事項として取り扱っている．また下水道事業は，国土交通省が公共下水道・流域下水道，農林水産省が農業集落排水等，環境省が浄化槽整備等をそれぞれ所管しており，さらに地域の現場で施設整備と処理に関わる地方自治体（公営企業）に対し，総務省が財政措置や助言等を行っている．このように，取り上げたい政策課題を担当する行政機関が複数にわたることがある．このような場合には，適切な調査先を把握したうえで，調査対象となる行政機関を選定することが必要となる．

　ただし，地方自治体の場合には状況が異なる．日本の地方自治体は地域におけるさまざまな政策課題を一手に引き受ける総合行政主体であり，あらゆる分野の行政課題を庁内の各担当部署が担っている．したがって，ある地域における特定の政策課題について調査を行う際には，まずは都道府県庁や市役所・町村役場に問い合わせ，役所内部の担当部署を把握することから始めればよい．

5.1.2　行政への調査

　行政機関を訪問して調査を行う際には，以下のプロセスにしたがって準備を進めるとよい．① 事前の情報収集，② 調査対象と調査内容の決定，③ 依頼状の作成，④ 質問票の作成，⑤ ヒアリングの実施，⑥ 礼状の作成，⑦ 調査結果の確認と送付である．

（1）　情報収集——行政が保有する統計情報の把握——

　行政機関は，それぞれの政策分野についての実状や課題を把握するために調査を実施し，統計データや各種情報の収集を行っている．行政機関はまた，政策課題を所掌し，さまざまな施策や事業を担っている．

　特定の政策課題について調査を行う場合，こうした統計データを活用することで，全体的な傾向や特徴をあらかじめ把握することができる．政府の統計は，ウェブサイト「政府統計の総合窓口（e-Stat）」（https://www.e-stat.go.jp）から検索することができる．

　いっぽう，地方自治体が保有する行政情報は，自治体によってさまざまである．地域には固有の政策課題があり，自治体ではそれを把握するために独自の調査を実施していることもある．それぞれの自治体が実施している調査について，ウェ

ブサイトで公開されているものもあれば，公開されていないものもある．また，政策推進に向けてどのような調査を行うかについては，首長の判断や過去の経緯などが異なるため，一様ではない．

たとえば，自治体の多文化共生政策を取り上げてみよう．全国には，外国人住民が人口の1割を超える自治体もあれば，わずかしかいない自治体もある．外国人住民がほとんどいない市町村では，多文化共生に向けた政策対応を考える必要性は表面化しづらい．これに対し，外国人住民が人口の1割を超える自治体では，日常生活のさまざまな場面で，課題が表出するため，行政に求められる役割も大きなものとなる．こうした自治体では，アンケート調査などを通じて，住民の考えを把握し，政策課題について検討を行っていることが考えられる．

(2) 情報収集——行政が作成した政策文書——

調査研究対象となる課題について，行政が保有する統計資料などから現状把握することとあわせて，行政が情勢をどのように認識し，どのような政策を推進しているのかを把握することも必要である．

国の行政機関が各政策分野における現状認識と政策対応についてわかりやすく整理したものが「白書（White Paper）」である．各省庁でさまざまな白書が発行されており，ウェブサイトからも閲覧できる．

いっぽう，地方自治体による地域の現状認識と政策対応を知る手がかりとなるものの一つに「総合計画」がある．総合計画は，自治体が諸政策を計画的に推進するためにおおむね10年先のビジョン（構想）を描きながら，それに向けた計画を策定するものとして，過去にはその策定が法律で義務づけられていた．今日ではその策定について法的な義務づけはなくなったが，大半の自治体では「総合計画」を基本構想（8～10年）——基本計画（4～5年)——実施計画（1～2年)という枠組みで策定している．総合計画をみることで，当該自治体が，どのような政策分野に力を入れており，どのような政策推進を図っているのかを把握することができる．

さらに2015年度以降，自治体は人口の現状と将来展望を踏まえた「総合戦略」を策定している．総合戦略も，地域の課題や個々の取り組みを把握するうえで参考になる．

自治体では，この他に個別の政策分野についても計画策定を行っている．その中には，国から計画策定が義務付け，ないし推奨されているものも多い．こうし

た個別の政策分野における計画をみることも，当該自治体の状況や政策対応を把握するうえで意味をもつ．

(3) 調査対象と調査内容の決定

行政に調査を行う場合には，あらかじめウェブサイト等を通じて必要な情報を入手し，調査研究したいテーマについて，概況を把握することから始める．

しかしながら，これらの公開された統計データや政策文書だけでは把握することが難しい事柄がある．例えばある政策の決定過程や執行過程を資料から把握することは難しい．こうした資料からはわからない事柄については，ヒアリング調査を実施する．事前の情報収集を通じて，自分が把握したい事柄を所管する行政機関のことが把握できれば，調査依頼をかけることから始めよう．

実際には，国・地方自治体いずれも，日々多数の問い合わせや依頼が来ており，個人の調査に対して，回答してもらうことは難しい場合もある．特に，年末から年度末にかけての時期は，ほとんどの役所が，予算編成や報告書の作成等で忙しくしている．また地方自治体では3の倍数の月（3月・6月・9月・12月）に議会が開催されることが通例であり，その対応に追われていることもある．それに対し，相対的に時間が取りやすいのは7月下旬から8月中旬までの期間であるところが多い．むろん，部署によって忙しい時期は異なるため，一概にこの通りではないが，事前に公表されている文書や書類等に目を通し，明らかにしたい事柄を明確にした質問票を作成し，受入先の担当者が対応しやすい時期に訪問について依頼することが求められる．

行政機関に訪問を依頼する場合には，依頼状を作成するとよい．依頼状の様式に決まりはないが，例えば資料5.1のような形式の文書を作成し，メールに添付して送付することが考えられる．

(4) 質問票の作成

依頼状とあわせて用意したいのが質問票である．事前に文献資料や統計データをもとに，明らかにしたいことを明確化し，整理したものを用意する．これにより，受入先の担当者も，対応可能かどうかを判断でき，また回答を用意しやすい．行政へのインタビューは，民間企業や個人の場合とはやや異なり，役所としての公式見解を示すものとなるため，書面で回答が示されることもしばしばである．気軽に口にした言葉が独り歩きして，誤解を生むことのないよう，行政は慎重かつ丁寧に対応するためである．質問票または依頼状には，調査の趣旨と目的，調

202×年○月○日

○○市長　山田　一郎　様

××大学○○学部△△学科 3 年

田中　花子

【依頼】　調査訪問受入れのお願い

拝　啓

　時下ますますご清祥のこととお慶び申し上げます。

　さて、私は××大学○○学部△△学科にて、地方自治体の多文化共生政策をテーマに調査研究を行っています。貴市では、1990 年代から多くの外国人住民が居住する中で、独自の多文化共生に向けた施策や事業を推進してきたと伺っております。そこで、施策や事業推進に当たっての課題とともに、日本人住民に対する多文化共生についての理解や共感を図るための取組みについて、現地を訪問し、現場で取り組みを進める皆様方からお話を伺いたく存じます。ご多忙なことと存じますが、受入についてご検討くださいますよう、お願い申し上げます。

敬　具

記

　日時：202×年△月△△日（火）〜△×日（木）

　場所：ご指定の場所にお伺いいたします

　訪問者：田中　花子　他 2 名

　　※当日お伺いしたい事柄については後日質問票をお送りします。

以　　上

連絡先：田中花子
〒111-1111　東京都○○区○○5-2-2
××大学○○学部△△学科 3 年
tel.03-1111-1111
e-mail　tanakahanako@ggmail22.com

資料 5.1　依頼状の例

査結果の取扱いや公表手段等について明確にしておく．

　通常，インタビューは 1 〜 2 時間程度であり，その時間内に回答可能な範囲で質問項目を整理する．また，質問票は訪問日の 2 週間前までに送付することが望ましい．

(5)　インタビューと結果の整理

　訪問時には，対応者の肩書と名前を確認しておく．インタビュー時に録音を行いたい場合には，録音データの取扱いについて，他者への公開はせず，調査結果の整理にのみ使用することなどを説明したうえで了解をとる．また，インタビュー結果を掲載する場合には，事前に記載内容について確認を取る旨を伝える．

　調査終了後には，お礼状を送付する．また，成果物をまとめるうえで，ヒアリング調査で得られた情報を論文等に掲載したい場合には，事前に行政の受入れ担当者に確認を取ることが望ましい．最終的に，調査結果をまとめて公表した際には，あらためて，成果物を送付する．

5.1.3　政策形成過程を知るための調査

　これまで，特定の政策課題について調査する方法について記述したが，なかには，特定の政策が，いつ，どこで，誰の手によって創られてきたのかという政策形成過程を考察する研究もある．あるいは，特定の政治家や官僚個人を対象として取り上げ，その個人が政治や政策形成の場面でどのように貢献したのかを伝記のような形で掘り下げて考察する調査研究手法(オーラル・ヒストリー)もある．

　前者は，特定の政策形成に関わった複数の人びとに聞き取り調査を重ねて，ある政策がどのようなプロセスでつくりあげられたのかを形にするものである．例えば介護保険制度の創設過程に携わった人びとがその過程を詳細に記した介護保険制度史研究会（2016）のように，さまざまな政策分野においてそのプロセスを記載した先行研究がある．後者の場合には，特定の個人を対象にその人の生い立ちから今日までを聞き取り，形にしていくもので，具体的には御厨（2002），峯（2023）などの文献が参考になる．

5.2 事例から学ぶ行政へのフィールドワーク

ここでは行政機関へのフィールドワークの事例として，多文化共生政策を取り上げ，ヒアリング調査を含めた調査手法について紹介する．

5.2.1 政策課題の設定と文献調査

日本では外国人住民の増加に伴い，各地で多文化共生政策を推進する動きが生じている．ここでは，① 地域に居住する外国人住民数とその特徴，② 外国人住民に対する国の政策，③ 地方自治体による多文化共生政策の状況，④ 地域の特徴を踏まえた多文化共生政策の進捗と課題，という 4 点について把握するための調査を考えてみよう．

(1) マクロレベルでの現状と政策課題

全国各地に居住する在留外国人数の推移を調べ，国籍や在留資格別に把握することで，傾向や特徴を知ることができる．外国人の受入れに対する政策を所管する出入国在留管理庁のウェブサイトから，在留外国人統計などのデータならびに，出入国管理政策の検討状況や法制度に関する資料を入手することができる．いっぽう，外国籍児童・生徒の教育については文部科学省，外国人の日本語習得については文化庁など，個々の政策分野によって所管する省庁は異なる場合もある．

地方自治体による外国人住民に対する多文化共生政策を所管するのは総務省国際室である．総務省ウェブサイトでは，全国の自治体における多文化共生推進計画の策定状況や，自治体の多文化共生政策に関する事例集などが掲載されている．一連の資料をもとに，全国的な自治体の動向を把握しつつ，特徴的な自治体の例を探すこともできる．このように，マクロレベルで現状や政策対応について把握するには，各省庁のウェブサイトなどを手掛かりに，文献資料をあたるとよい．

(2) メゾレベル/ミクロレベルでの現状把握と政策への理解

外国人住民との共生について，地域の現状と課題を把握するために，都道府県や市町村を訪問調査することが考えられる．調査先の選択にあたり，① 都道府県か市町村か，② 具体的な調査自治体の選定，③ 具体的なヒアリング先機関選定を考える必要がある．

第 1 に，都道府県と市町村の選択である．行政が担うさまざまな施策や事業は，

分野ごとに，国の役割・都道府県の役割・市町村の役割が定められている．例えば，地域医療構想の策定や義務教育における教員採用などは基本的に都道府県の役割とされている．これに対し，介護や子育て，コミュニティ施策などは住民に身近な市町村の役割が大きい．

多文化共生政策の調査では，外国人に対する医療通訳や，学校での外国籍児童生徒への対応を行う教員加配等を調べる際には，都道府県の対応を把握する必要がある．これに対し，介護や保育，地域コミュニティでの外国人住民と交流事業等については，市町村の果たす役割が大きいことから，市町村への調査が必要である．ただし，人口が50万人を超える政令指定都市（大都市）の場合の義務教育における教員採用など，都道府県の事務を市が担うことがあり，確認が必要である．

第2に，具体的な調査対象自治体の選定である．自治体の多文化共生政策を調査するといっても，地域によって，居住する外国人数や人口全体に占める割合，居住年数や国籍などは大きく異なる．東京都新宿区や川崎市，大阪市など，従前から多くの在留外国人が暮らしてきた地域もあれば，群馬県大泉町，静岡県浜松市などのように，1990年代以降，製造業等で就労する日系人が増加した地域もある．農業分野で多くの就労者を受け入れた市町村，北海道など観光リゾートで働く外国人を多く受け入れる市町村など，地域によって事情はさまざまである．多文化共生について，取り上げたい課題を整理したうえで，その対象として適切な調査先を選定する．先述のとおり，出入国在留管理庁の統計データや，総務省の多文化共生政策に関する事例集などが参考になる．

第3に，具体的なヒアリング先機関の選定である．特定の政策を推進するに当たり，自治体は必ずしも単独で役割を担っているわけではない．関連する外郭団体や民間事業者，NPO法人などと連携して住民サービスを担う場合もある．このような場合には，自治体の担当課に話を聴くだけでなく，関連する機関や団体にも話を聴くことで，政策に対する理解を深めることができる．

5.2.2　訪問スケジュールと調査項目・質問票

ここでは静岡県浜松市における多文化共生政策に関する調査を事例として取り上げる．浜松市は楽器や乗用車などの製造業が多く立地する地域であり，1990年代から多くの外国人を受け入れてきた地域である．

2020〇年〇月〇日

浜松市企画調整部国際課　御中

多文化共生政策に関する質問票のご送付

〇〇大学△△学部××学科

田中　花子

謹啓

　この度は、ヒアリング調査にご協力いただきまして誠にありがとうございます。私は〇〇大学△△学部において、自治体の多文化共生政策を調査研究しています。特に、日本人を対象とした多文化共生への理解について関心があります。貴市では「第3次浜松市多文化共生都市ビジョン」を策定し、多文化共生社会の実現に向けた施策を推進しておられますが、これに関連して、以下の事項についてご教示くださいますようお願い申し上げます。

ご教示いただきたい内容
　1. 貴市で策定された「第3次多文化共生ビジョン」について
　2. 日本人住民に対する多文化共生推進への取り組みについて
　3. その他

具体的な質問項目

　1.　　ここでは省略

2. 日本人住民に対する多文化共生推進への取り組みについて
①外国人住民が増えることに対して、不安を抱えている日本人住民に対し、貴市ではどのようなアプローチをしておられますか。
②日本人住民と外国人住民の間でトラブルが生じることはありますか。貴市では、外国人住民、日本人住民それぞれからどのくらい、どのような相談がありますか。
③現時点では多文化共生に特別興味がない日本人住民や外国人住民に対して、多文化共生を推進する観点から取り組んでおられることはありますか。
④「第3次浜松市多文化共生都市ビジョン」では毎年10月を「はままつ多文化共生month」として、多文化共生に対する理解促進を図っているとありますが、貴市で掲げている目標や成果、期間内に行われた活動の参加人数などについてお教えください。

　3.　　ここでは省略

以　上

資料 5.2　質問票の例

浜松市の概要と多文化共生政策に対する事前理解を深めるには，市勢要覧や総合計画，人口ビジョン，総合戦略などの資料が役に立つ．これらの資料は自治体のウェブサイトからダウンロードできる．資料を通じて，地勢や人口構造，産業構造や生活環境などの基本情報を把握できる．さらに総合計画や総合戦略から，自治体の政策の柱を確認することもできる．一連の情報を踏まえて，浜松市多文化共生政策について，総合計画のなかでの位置づけや政策の特徴をみることができる．

浜松市の多文化共生政策は国際課が所管する．ただし，政策を推進するに当たり，外郭団体の浜松市多文化共生センターや，国際交流協会などと連携が図られている．行政機関に留まらず，これらの関連団体にも併せて話を聴くことで，政策について多角的に理解を深めることができる．

資料 5.2 は，浜松市国際課への質問票のサンプルを抜粋して示した．調査を通じて明らかにしたい大きなテーマを示すことと併せて，個別具体的な設問を記載するとわかりやすい．

5.2.3 ヒアリング調査の実施

資料などを踏まえて，現場で確認したいことを明確にしたうえでインタビューを行う．浜松市で多文化共生政策を推進するに至った背景や，施策や事業の実施状況とその課題などの政策推進プロセス，事業予算の確保や人員体制などの運営上の課題について，確認してみよう．近年では，行政が関係団体や民間事業者，コミュニティなどと連携しながら取り組みを進めることも多い．こうした多様な担い手の関係について，また合意形成プロセスや住民参加の状況について調査する際にも，現場でのヒアリングは有効である．

行政へのフィールドワークの結果をもとに，更なる政策分析を深めたい人には，遠藤（2010），中野・本田（2021）などの文献が参考になる．政策課題について，ぜひ行政へのヒアリングを通じて，現場の課題や成果について考察を深めてほしい．

参 考 文 献

遠藤宏一（2010）：地域調査から自治体政策づくりへ──経験主義からの実践論──，自治体研究社

介護保険制度史研究会（2016）：介護保険制度史──基本構想から法施行まで──，社会保険研究所

中野邦彦，本田正美（2021）：地域研究ハンドブック──行政からの調査協力を上手に得るためには──，勁草書房

御厨貴（2002）：オーラル・ヒストリー──現代史のための口述記録，中公新書

峯陽一（2023）：開発協力のオーラル・ヒストリー：危機を越えて，東京大学出版会

出入国在留管理庁「在留外国人統計」
(https://www.moj.go.jp/isa/policies/statistics/toukei_ichiran_touroku.html)

総務省国際室「多文化共生の推進」
(https://www.soumu.go.jp/menu_seisaku/chiho/02gyosei05_03000060.html)

Ⅲ．社会の仕組みを理解するためのフィールドワーク

❻ 経済活動を理解するための フィールドワーク

坪田建明

はじめに——多様な視点を行き来する——

　本章では経済活動に関わる実証研究を行ううえでの手引きになるように，いくつかの論点を簡単にまとめることを主旨としている．経済活動にかかわる研究という設定であるが，多くの現象はなんらかの意味で経済的な側面をもっていることから，他の章と関連・重複する点もあると考えられる．そのため，特に重要であろうと筆者が考える点と，データ取得までの手引きを述べていくことにする．

　まず，研究対象となる現象をめぐる，重要な視点を指摘しておきたい．経済学の授業で典型的なものは，マクロ経済学とミクロ経済学であろう．簡単に言うと，マクロ経済学は，集計化された経済現象を観察するとともに，中央銀行や政府の政策との関係について検討する学問である．他方でミクロ経済学は，企業および消費者という個別の経済主体がどのように行動するのか，市場においていかに競争するのかについて，価格と数量を中心に検討する学問である．経済活動にかかわる実証研究を行ううえでは，この両方の視座を持つことが何よりも重要である．

　これは，一般性と個別性のあいだを往来することにつながる．一般性とは普遍的な現象または法則などを意味しており，場所や時を変えても当てはまる現象などを言う．他の言葉で言うならば理論的考察とも言えるだろう．他方で，個別性とはケーススタディなどに代表される個別具体的な実例である．

　経済学におけるフィールドワークとは，研究対象へのミクロ的な接近であり，それは主としてデータ収集の過程を意味している．ただし，データ収集や個別事例の紹介に終始してしまうとすると，個別事例から抜け出すことができず，理論的考察や一般性・普遍性のある議論につながらない可能性がある．この点は注意が必要である．そのため，マクロ的とまでは言わなくとも，マクロとミクロの両方を取り入れたり，理論的貢献を念頭に置いたフィールドワーク（データ収集）を行うことで，より良い研究へと昇華させることができるだろう．

本章では，まず前半において経済系の論文を書くために必要なデータの入手方法について概略を説明する．6.1 節では，公式統計の集計データは入手方法が比較的容易である点と，個票の入手方法は手続きに手間がかかる点などを説明する．続く 6.2 節では，インターネットを通じたデータの入手方法をいくつか例示する．6.3 節ではアンケート調査や家計調査によるデータ収集の論点を提示する．後半の 6.4 節では分析における醍醐味となりえる外れ値の扱いを議論する．以上を通じて，経済系のデータ収集を行い，論文を書くうえで大きな障壁になりそうな所をどのように超えれば良いのかについて，説明をしていきたい．

6.1　公式統計を用いた研究

経済統計と言えば，商業統計・工業統計などがあげられる．ただし，経済学的な分析はこれらに限られるものではなく，さまざまな統計を吟味・駆使することで興味深い研究を行うことが可能である．

6.1.1　集計済みデータを用いる場合

日本の公式統計は統計局のホームページ[*1] から入手することができる．そこには，「人口・世帯に関する統計，住宅・土地に関する統計，家計に関する統計，物価に関する統計，労働に関する統計，文化・科学技術に関する統計，企業活動・経済に関する統計」などに分類されたデータを見ることができる．各省庁が所管となっている特別統計（基幹統計ではない調査）などについては統計局のホームページからは入手できない．関心のある省庁の部局ホームページに行き，該当の調査を発見することができれば入手が可能である．

このように，集計データについては多くがホームページで公開されているが，デジタル化されていない過去のものであれば，各省の図書館に保管されている．場合によっては外郭団体などが発行元となって統計データが販売されていることもある．

報告書などで一般的に図表として示されているデータは，集計データを更に加工した物である場合が多い．そのようなデータを参照する場合，分析が不十分に

[*1]　総務省統計局「統計データ」https://www.stat.go.jp/data/index.html（2023 年 12 月 26 日閲覧）

なることがある．そのため，入手可能な最小単位（市区町村なのか，県レベルなのか，国レベルなのか）に気をつけることは重要である．独自の分析をするにはできるだけ細かいレベルのデータを入手するに越したことはないからである．

諸外国でも統計局のホームページは基本的に似たような作りになっている．基本的には，基幹統計である国勢調査・商業センサス・農業センサスなどがあり，その他の労働統計・物価統計などが補足的に存在していることが多い．

6.1.2 個票を用いる場合

個票とは，集計される前のデータ，原票のことである．ミクロデータ利用ポータルサイト[*2]から申請することで個票の利用が可能となる．個票それ自体を用いる分析をする場合，2つの方法がある．一つは匿名化したデータを用いる場合であり，個人や企業を特定することができない状態になったデータの提供を受けて分析をすることになる．この場合，パネルデータとして個人や企業を他時点のデータと結びつけることができなくなるため，分析に限界が生じる．もう一つは匿名化しないデータを用いる場合である．個人や企業が特定できる状態であるため，データの持ち出しは不可能である．そのため，「データのオンサイト利用」を申し込むことになる．この場合，全国各地に設けられた指定場所のパソコンで分析を行うことになる．後者の場合，パソコンからのデータの持ち出しが厳しく制限されることから，分析結果の持ち出しについても申請が必要となる．

筆者は，これまでいくつかの基幹統計の個票データを利用する機会があった．この経験を端的に書くならば[*3]，とても面倒な作業であった．それが「利用の申請手続き」である．これは，個票統計を悪用されないようにするための手続きでもあり，統計の目的外使用が発生しないようにするため，目的・対象（具体的にどの質問項目（変数）を用いるのか）・分析の方法（どの変数と度の変数でどのような統計的分析を行うのか）・分析結果（表としてどのような結果を想定し，それを論文に掲載するのか）までを申告する必要がある．これを利用申請の段階で行うので，ほぼ論文の骨格ができており，結果まで見通せた状態でなければならな

[*2]　miripo「ミクロデータ利用のためのポータルサイト」
　　 https://www.e-stat.go.jp/microdata/（2023年12月26日閲覧）

[*3]　この経験は2018年〜2020年ごろのものであり，現在は大幅に改善されている可能性があり，その可能性を大いに期待する．

い．更に，過不足なく質問項目を入手するためには，どの変数とどの変数をなぜ利用するのかなどを説明する必要があった．ただ研究としては，見通しが立っているに越したことはないので，準備に余念のない研究ができたのは確かであった．

6.2 インターネット上で入手可能なデータ

近年では，紙媒体のみでの申請を受け付けるようなデータ供与はほとんど消滅しているのではないだろうか．ハードコピーでしか入手できない古いデータや個人所蔵のデータを除くと，大量のデータがインターネット上に公開されている．本節ではそのいくつかの情報源を紹介する．

6.2.1 企業等が実施したアンケート調査・世論調査等の個票データ（日本）

公式統計に準じるものとして，大規模なアンケート調査などを用いることが可能である．最近では，東京大学社会科学研究所の付属社会調査データ・アーカイブセンター[*4] が多種多様な個票データを管理し，その学術利用を推進している．利用手続きはきわめて簡便であり，データを利用するにあたっての研究計画を提出すると共に誓約事項を熟読の上同意すれば利用申請ができる．教員・大学院生までは個人で申請ができるが，大学生の場合は教員の代理申請が必要になる．授業などでのデータセット利用を推奨していることから，卒業論文などに限らず授業中の事例研究などとしても利用が可能である．

6.2.2 個票データ（途上国・世界）

大規模なアンケートで学術利用に適している資料は，大きく分けると2種類ある．第一は，学術論文に使用されたデータで，再現性の確保（Replication）のために公開されているものである．これは，著者が自分のホームページで公開している場合や，雑誌毎に公開されている場合などさまざまである．関心のある論文のデータが公開されていないかどうかを確認することから始めてみてはどうだろうか．第二は，国連や世界銀行などが実施している調査のデータである．世界銀行はミクロデータのページを作っており，世界各地のさまざまな調査を公開して

[*4]　東京大学社会科学研究所の付属社会調査データ・アーカイブセンター HP
https://csrda.iss.u-tokyo.ac.jp/（2023 年 12 月 26 日閲覧）

いる[5]．この他に，国勢調査やそれに準じた労働力調査などの個票の数パーセントを抽出したデータを世界的に公開しているサイトとして IPUMS International[6]や，USAID の実施している The Demographic and Health Surveys（DHS）Program[7] がある．これらは途上国の各地にちらばる詳細な調査であり，これらを用いた学術研究は多い．

6.2.3 ウェブスクレイピングを用いる場合

近年では，ウェブスクレイピングといって，ウェブ情報を網羅的に入手する方法がある．例えば，アマゾンの商品情報および価格情報を網羅的に入手するとか，楽天に掲載されている商品情報を入手するなどである．卒業論文などに用いるデータを自分で作る場合などに，スクレイピングを行うことはありえることだろう．ある一時点のウェブサイトをすべて入手することも可能である．または，指定時刻に巡回して情報を保存できるため，同じウェブサイトの多時点の情報を入手することも可能である．

6.3 独自アンケート調査

6.3.1 アンケート調査において気を付けるべき点

独自にアンケート調査を行う場合には何に気を付ければよいだろうか．基本的には，アンケート調査で手に入ったデータは，平均値の差の検定，散布図，回帰分析などの統計的分析を加えることを前提としている．そのため，あらかじめどの問いからできる変数と変数を利用するのかを見定めておく必要がある．つまり，回答を用いて回帰分析ができるように質問項目を作成することが最重要課題である．

またアンケートが完成した後でも，小規模で試行してみることで，アンケートの取り方の練習およびアンケート票の微修正などを行うことが望ましい．

アンケート作成の次に重要な点はサンプリングとサンプル数であろう．調査対象を適切に設定したならば，母集団の数を概数で特定し，そのうえで適切なサン

---

[5] 世界銀行「Microdata Library」
https://microdata.worldbank.org/index.php/home（2023 年 12 月 26 日閲覧）

[6] IPUMS International https://international.ipums.org/international/（2023 年 12 月 26 日閲覧）

[7] The Demographic and Health Survey　https://dhsprogram.com/（2023 年 12 月 26 日閲覧）

プル数を特定する必要がある.

具体的には $n = \lambda^2 \dfrac{p(1-p)}{d^2}$ という式でサンプル数を計算することができる[8]. n が標本数, p が比率, d が標本誤差, λ が信頼水準である. これによって求められるサンプル数を確保することが望ましい. 一般的に, 調査の信頼水準は 95 % 程度と考える ($\lambda = 1.96$). また, 誤差は 5 %以下に抑えることが望ましいと考えられている (標準誤差を 0.05 とする). 比率は 0.5 が最大となることから 0.5 とする. この場合, $n = 384.16$ となり, 384 人へのアンケートが必要であるとの結果が得られる. このサンプル数は, 母集団が 1 万人以上に対するサンプリングとして採用される値である. きわめて簡易なサンプル数の計算方法はウェブアンケート調査で有名な Survey Monkey[9] などを参照することができる.

6.3.2 調査対象の選定

　企業アンケートの場合, 企業リストの入手が不可欠である. しかし, 一般の人が企業リストを住所や連絡先を含めて持っていることはきわめて稀であろう. 海外進出企業を調査したい場合, 東洋経済新報社の海外進出企業データなどは電話帳のように網羅的に情報が掲載されている. 図書館によっては電子版を保有しているので, こちらから閲覧することも可能である. しかし, 個人が企業にアンケートをお願いするには限界がある. 営利活動に従事している企業が学生アンケートに応えてくれるとも限らず, おのずと回答率は低下してしまう. アンケートの実施とその結果から得られる含意に社会的な意義がある場合, そのアンケートの正当性を盾に, 調査をしたい企業群を代表するような任意団体, すなわち業界団体などに調査協力を依頼することも可能であろう. 例えば, 日系企業のうち自動車関連会社の海外進出に関連した調査を実施するのであれば一般社団法人日本自動車部品協会などが挙げられる. このような業界団体へのヒアリングは調査協力への依頼に限らず, 調査の意義自体についても有用な意見を得ることが多い. まずは相談してみてはいかがだろうか.

---

[8] 詳細は例えば統計局の以下の HP などを参照のこと.
　なるほど統計学園「調査に必要な対象者数」
　https://www.stat.go.jp/naruhodo/15_episode/toukeigaku/taishosha.html (2023 年 12 月 26 日閲覧)

[9] Survey Monkey「標本サイズ計算ツール」
　https://jp.surveymonkey.com/mp/sample-size-calculator/ (2023 年 12 月 26 日閲覧)

個人に対するアンケートの場合はどうであろうか．住居にアンケート調査をポスティングしてアンケートに答えてもらうのが地道な調査の方法の一つだろう．この場合であっても，調査協力の後援として自治体・自治会などの協力を得られると回収率の向上につながることが見込まれる．ウェブアンケート形式で入力を行う場合，一部の老人などはこれに回答ができないかもしれないので郵送回答もオプションとして用意しておいた方がよいだろう．

ランダムサンプリングを行うには，どうしても対象者の一覧が必要になってくる．完全な母集団の一覧ではなくとも，それに類するものが必要になる．そのような一覧が入手できない場合は，何らかの意味で調査対象をランダム化できるような手法を考える必要がある．

筆者の実施したランダム化として2例挙げてみたい．第1例は，イベント会場における通行人アンケートである．イベントスペースの端に2人を配置し，通行人に対して，「3人見送ってからアンケートをお願いする．」というシンプルなものである．全員に声をかけるのではないという点に主眼を置いたものである．その際，調査票を2種類用意しておき，それをあらかじめランダムに並べ替えておいたものを用いて調査した．以上によって，二重にランダム化されていたと言える．第二例は，途上国の農村部における訪問調査である．現地の適当な場所から訪問を始めるのだが，右に曲がるか左に曲がるかをランダムに決め，その上で N 軒[10]おきに訪問するといったルールを決めることで密集しないように気を付けるといった方法である．

スノーボール・サンプリングと呼ばれる手法を採用する研究もある．母集団が不明で，調査対象者にアクセスすることがきわめて難しい場合にはこの手法を用いることを正当化できるのかもしれない．しかし，できるだけ調査対象者のリストを入手し，それに対して全数調査を行うか，またはランダム調査を行うという姿勢を堅持してほしい．

6.4 外れ値の扱い

アンケートの面白いところは，データを取ることで自分の仮説を統計的に検討

---

[10] N はあらかじめその地域の住居数とサンプル数から計算することができる．

することができる点にある．定量的な分析を行う中で，しばしば生じるのが外れ値である．単純な入力間違えであればそれを修正すればよいのだが，理由を持った外れ値の場合，その値はとても優秀なサンプルとして，何らかの意味で特異な場合がある．そのようなサンプルの挙動は他のデータに対しても示唆を有していることが少なからずあることから，アンケートに縛られることなくより踏み込んだ調査を行うことが研究の質を高めてくれるだろう．

　量的データについては，仮説の支持または棄却に限れば，どちらになるのも想定内と言える．ある意味，この二択以外は存在しない．しかし，質的データ（例えば自由回答欄）についてはその回答が選択肢の中に限られているものではないことから，おのずと想定外の回答を得ることができる可能性を保持している．この意味で，自由回答欄の分析も大変興味深いものとなるだろう．例えば，上位5%の意見とか，上位5%の傾向といった偏りのある結果にこそ，興味深い事例が眠っていることがある．

おわりに ——先行研究などを読む努力は惜しまない——

　経済論文を書くうえでは，実証的な仮説や検証可能な理論的示唆などを念頭に書き進めることが推奨される．そのためには適切な先行研究を見つけることが必要である．英語論文であれば *Journal of Economic Literature* から自分の関心に沿う論文を見つけることができれば幸運であろう．日本語で刊行されている研究には限界があり，バイアスもある．そのため，できる限り英語の論文にも目を通すことが望ましい．どの論文を読むべきかについては，Google Scholar における引用論文数や，掲載されている雑誌のランキングなどを参考にすることができる．もちろん，先輩学生・院生・指導教員の助けを借りることも一つであろう．

　さらに詳しく研究の進め方を知りたい場合には，経済セミナー編集部（2022）の6章～10章までが特に参考になる．実証データの収集方法や実証分析の作法に留まらず，理論論文の作法・論文の書き方・研究発表の仕方についても収録されているので，是非，お薦めしたい．

参考文献

　経済セミナー編集部（2022）：経済論文の書き方，日本評論社

Ⅲ. 社会の仕組みを理解するためのフィールドワーク

7 福祉や社会を理解するための
フィールドワーク

藪長千乃

7.1 福祉や社会を理解するための多様なアプローチ

「福祉」という言葉から，何を思い浮かべるだろうか．高齢者への介護や障が
いを持った人たちの支援，ホームレスの人への支援といったイメージを思い浮か
べることが多いだろう．一方で，福祉は「しあわせ」であり，「ウェルビーイング」
を意味する言葉でもある．人が，良い状態（ウェルビーイング）で生きていくこ
とや，それを目指すための取組を福祉と考えるなら，健康であることや，快適で
あることや，心配が（少）ないこと，安全や安心など，論点は広がっていく．持
続可能であるためのさまざまな戦略も視野に入ってくる．つまり，対象は人びと
の福祉であるけれども，医学，心理学，工学，経済学，法学，文学などのさまざ
まな学問分野からアプローチが可能である．

筆者は，フィンランドを中心とした北欧諸国をフィールドとして，社会科学の
立場から福祉政策を中心とした政策研究に取り組んできた．さらに，北欧と日本
との社会制度の比較，日本国内の社会福祉に関連した諸活動の調査，近年では発
達心理学者たちとともにインタビュー調査を中心とした子育ての国際比較研究を
行っている．本章では，これらの経験をもとに，現地での実踏調査という広い意
味でフィールドワークを捉え，事例と分析方法を中心に述べていく．

7.2 政策分析のためのフィールドワーク

政策研究は，多くの場合社会問題の解決を目的としている．ここでは，筆者が
実施してきた調査のうち，異なるタイプのフィールドワークを紹介する．

7.2.1 史料を集める——女性参政権実現のプロセス研究——

フィンランドは，他の北欧諸国に先駆けて 1907 年に世界で初めて国政選挙で女性国会議員を選出した．長くスウェーデンの一地方であり，その後ロシア帝国の支配下となり，独立後も度重なるソ連からの侵攻を受け，第二次世界大戦では敗戦国となった．1970 年代までは，ヨーロッパでも最も貧しかった「遅れて追いついた国」だった．ではなぜ女性の社会参画が進んだのだろうか？修士課程でこの研究テーマに取り組んだ時は，インターネットがあまり発達していなかったことやフィンランドが女性の政治参画のパイオニアであったことが知られていなかったことから，日本には限られた資料しかなかった．そこで直接現地へ向かった．

当時のフィンランドでは英語も現在のように頻繁に使用されていなかった．さらに筆者の現地語の理解力も不足していたため，資料は思うように入手できなかった．しかし，女性団体や政府機関（平等評議会）などで聞き取りを行い，重要人物たちの記念館などを訪れて本人の執筆原稿や活動資料を手に入れた．最終的には当時の四身分議会の議事録や集会のチラシの写しも手に入れた．これが，結果として当時の権力構造とそこへの女性の入り込みかた，さらにはロシアとの関係を理解する足がかりとなった．

7.2.2 観察し，比較する ——最果ての村へ——

女性参政権の研究を進めていくうちに，北欧社会はすべての人の社会参画を基本理念の一つとしているということに気づいた．この気づきをきっかけに筆者の研究関心は福祉国家としての北欧諸国に拡がっていった．

北欧諸国は，人口密度が低く，公共サービスの供給を効率的にすることが難しい．ヨーロッパの辺境に位置し，衰退する条件をいくつも備えている．そんな国で，安心できる高水準の福祉サービスはどのように提供されているのかを知りたいという思いから取り組んだのが，異なる特性を備えた 3 つの基礎自治体の高齢者サービスを比較する調査研究であった．

当初は，立地と高齢化率を独立（説明）変数として，それ以外の条件をできるだけそろえた 3 自治体を調査する計画を立たが，実際にはそういった自治体の情報提供者を確保することが難しかった．そこで，何らかの意味のある結果を得られるように，「よく似たシステム（を比較する）デザイン Most Similar System

Design, MSSD」と「違ったシステム（を比較する）デザイン Most Different System Design, MDSD」を折衷させた，よく似た中規模の2つの自治体と，まったく様相の異なる最北のサーミ民族が暮らす自治体を加えた3自治体を対象として調査した．

この調査では，自治体で主に聞き取りを行った．ある自治体ではシティ・マネージャーが自ら先進的な取組について語ってくれた．もう一つの自治体では事務長が市の行財政や意思決定の仕組み，市の産業構造など多岐にわたって説明してくれたほか，福祉部門の聞き取りや高齢者サービス関連施設への訪問や聞き取り調査を網羅的にアレンジしてくれた．その頃はまだフィンランドの福祉サービスに関する詳しい情報は限定的だったので，複数の自治体の異なる現場の実情に触れて驚くことばかりだった．

しかし，最も印象深かったのは，サーミの人たちが暮らす最北の村エノンテキオを訪問した時だった．8,000平方キロ以上の広大な土地に人口2,000人が暮らしていた．ここでは聞取りのほかに議会を傍聴したり，サービス付き住宅を見学したり，実際にホームヘルプサービスに同行させてもらったりした．すでに初雪を迎えていた9月頭の荒涼とした大地に紅葉した低木が散生し，最北の地域でとれるベリー類が実っていた．ホームヘルパーが運転する車で1時間ほど走ると伝統衣装を着て生活している80歳代のサーミの老夫婦の家に着いた．ホームヘルパーは，家に入ると笑顔でコーヒーを淹れ，一緒に飲みながら老夫婦とおしゃべりをして最近の様子を聞いた．そして手際よくベッドの手入れをし，簡単な掃除をしながら心配事を聞き取った．ヘルパーは2週間に一度訪問して，簡単な家事を手伝い，生活の様子を聞き取る．サーミの人たちは自分たちの言語と文化に基づく公的サービスを利用する権利があるのでヘルパーもサーミである．しかし，村にはサーミのヘルパーは3人しかいない．毎週訪問が必要な状態になったら，手がまわらないため，中心部のサービス付き住宅に移ってもらうことになると言っていた．

保育所も訪問した．村に一つしかない保育所には十数人の子どもが利用する母屋の隣に，サーミの言語と文化で運営するサーミのための別棟があった．サーミの子どもにも自文化でサービスを受ける権利があるからである．さらに，この保育所では24時間サービスを提供していた．夜間保育の利用は一晩に2，3人しかいない．そこで夜間保育は一緒にしていた．

観察や聞き取りから見えてきたのは，さまざまな人の権利を最大限保障するという原則である．しかし，そのために提供される平等で普遍的なサービスは，ルールを杓子定規にあてはめて判断するのではなく，合理的な範囲でニーズを満たすことを優先しており，単純に線を引くことは難しいということだった．

結果として，3自治体の比較研究は，調査の条件や密度をそろえることができなかった．そこで，サービスの利用データを中心に比較し，そのほかを記述的分析で補い，論文を執筆した．しかし，筆者にとって最も重要だった発見は，3つの事例を貫く「平等な権利の保障」と「ニーズの充足に関する合理的な判断」というフィンランド福祉国家の本質的な原則であった．

7.2.3 聞き取り，歩いて手がかりを得る ——行政実験の訪問調査——

三自治体の調査をきっかけに，条件不利地域での多様な福祉供給に対する筆者の関心は高まっていった．ちょうどそのとき，東北部でカイヌー行政実験が始まっていた．当時のカイヌー地方は，高齢化の進行と高失業率に悩み，急速に人口が流出していた．そこで広域政府を実験的に設置し，規模の経済による財政支出の削減を期待して，それまで基礎自治体，広域連合，中央政府地方事務所が担当していた各種のサービスの多くを移管させた．

カイヌー政府の職員への最初の聞取りのあとは，カイヌー地方のなかでもさらに周辺部の小さな自治体をいくつか自分で訪れ，中心地の様子や公共交通機関の使い勝手を確認し，保健センターや図書館，資料館などの公的施設を見て回った．図書館ではその土地のさまざまな情報を得ることができるだけでなく，公共サービスの量や質を確認できる．資料館では歴史や有名な史実などが展示されており，ソ連（現在のロシア）との戦争の様子や，飢えをしのぐために松の皮を剥いで食べていたことなど，カイヌー地方が歴史的に多くの困難を抱えてきた地域であったことがみてとれた．雪の中の一本道を延々と走るバスに揺られ，凍てつく寒さの中を歩きまわって情報に触れながら，過酷な生活をイメージし，現在の生活までの道程に思いを馳せた．

その後カイヌーには何度か通い，さらに他のアクターへのインタビューを行うことで，複眼的に行政実験を捉えることに務めた．衰退しつつある地方の行政実験に外国人研究者が関心を持ってくれたことは少なからずインパクトがあったようである．実験政府の事務局長は，新しい動きが出るたびに連絡をくれ，訪れる

と現地の要職へつないでくれた．さらに，筆者自身で自治体の全国会議に紛れ込んで話を聞き，自治体協会の図書館に通って資料を検索して新聞記事や自治体関連の専門雑誌記事を集め，行政実験に関する国会の審議過程や報告書を読み込み，研究成果をまとめることができた（藪長，2012）．この経験が，十年以上たった現在の研究にもつながっている．

7.2.4 単一・少数事例の研究の意義

さて，社会科学の視点から考えた場合，フィールドワークの成果の研究上の意義には多くの課題がありそうである．社会的事象に関する研究は反証可能性（同じ条件下でテストしたり観察したりすることによって誤りがないかどうか確認することができること）を確保することが難しいからである．しかし，調査協力者の納得，似た文脈への適用可能性（移転／応用可能性），調査分析過程の追跡可能性，データ解釈過程の遡及可能性を確保することによって，量的研究と同様に真理値へ接近し，適用可能性，一貫性，中立性を高めることができる．また，観察するケースの量と個別ケースの理解度は，トレードオフの関係にあることが多い．（Lincoln & Guba, 1985；鈴木，2023：149-153）

つまり調査対象（サンプル）の数は少なくても，丁寧に事例を追っていくことで分析結果の精度を高め，真理に接近することは可能である．特に社会的事象を扱う場合，研究者は理論的知識やすでに明らかにされている他の大量の事例から得られた経験的知識をもとに研究対象の分析枠組みを設定する．この段階ですでに一定の比較が行われていると考えることもできるだろう．

7.2.5 政策学における事例研究の価値

政策学の研究では，単一事例分析は多くはない．しかし，一定数見受けられ，政策史に関するもの，概念形成や仮説形成を目的とするもの，知見の応用を目的とするもの，基礎的資料の提供を目的とするものなどがある．研究の性質や目的によって，その研究の価値に対する評価は異なるが，政策学分野での学会の動向としては，有用性，先駆性，適時性，緊急性，応用可能性，有益性が重視されており，さらに，研究から得られた新たな知見について誰がどのような場面でどのように活用できるのかなどの応用可能性を丁寧に説明することによって研究の価値を明確に示すことができる．（堂免，2023）

7.3 インタビュー調査の設計と分析の方法

さて，フィールドワークで収集したデータは，説得力のある方法で説明できなければ，研究成果として価値を持たない．ここでは調査の設計と質的データの分析について説明する．フィールドワークではインタビュー調査を実施することも多いだろう．そこで，筆者がインタビューを中心とした共同研究に参加して直面した課題とその克服を試みた経験をもとに述べていく．

7.3.1 子育ての国際比較研究 ――コパグローバ・プロジェクト――

子育てにおける親の協力（コペアレンティング）の国際比較研究は，フィンランド，ポルトガル，日本の3か国の共同研究で，子育てにおいて親が上手く協力するために重要な環境要因（社会的，文化的影響）を国際比較から明らかにすることを目的として，出産前と出産後の二回にわたってインタビュー調査を行った．研究チームは，主に発達心理学，教育心理学，家族社会学等の研究者で構成され，筆者は政策研究の立場から参加した．

研究計画は，主にフィンランドチームが作成した．筆者らは研究協力者として，研究の大枠についての意見を出していたが，最後の仕上げや詳細の設計はフィンランドチームで行った．実際に研究を始めると，研究分野の違いに起因する進め方や概念・用語の違いだけでなく，各国の制度や文化による研究・作業習慣の違いなどがわかり，計画を修正しながら進めることになった．

7.3.2 調査計画作成の段階でのフィールドワークの重要性

調査計画を作成するときには，調査の実施場所の固有の状況を考慮して反映させること，現実的な計画を作ること，計画がうまくいかないときの対応や代案の設定が必要である．調査や分析に必要な人員・時間やスケジュール，費用についても考えなければならない．人を対象とした調査研究であればその人（たち）の生活を規定する文化や習慣（一般的な仕事や人間関係等），調査対象地の気候や地形，交通の便や慣習，年中行事などを確認しておく必要がある．規模が大きい調査の場合は，人員の確保をしなくてはならない．報酬を支払う場合は雇用契約や税の処理についても確認をしておく必要がある．外国での調査の場合は，輸出

規制等にも注意を払う必要がある．そこで，慣れない土地で調査をする場合は，予備的調査としてのフィールドワークが必要になる．

　子育ての国際比較研究では，各国 30 組以上の妊娠後期のカップルに 1 時間程度の対面インタビューを同時並行で行うこととなっていた．カップルの双方の都合に合わせて平日の夜か土日に二人の調査員で訪問することになる．時間も考えると一組のカップルのインタビューに半日必要である．そもそも二人とも協力してくれるカップルが果たして集まるかもわからない．そこで筆者は数か月かかるのではないかと考えていた．しかし，フィンランドチームが作成した計画は 1 カ月で実施するというものであった．フィンランドでの就労者の典型的な生活では，残業等が無く，16 時過ぎに仕事から帰ると家族とゆっくり時間を過ごす．また，学術的な調査研究に対する信頼と期待が比較的高く，協力者の確保はそれほど難しくない．日本とフィンランドの間の労働文化や生活習慣，調査への協力態度の違いは，フィンランドチームの想像以上だったようである．とはいえ，新型コロナ感染症の影響で，オンライン調査を導入したことで，計画全体が大きく見直されることになった．

7.3.3　情報の取扱いと研究倫理の遵守 ——情報は本人のモノ——

　ところで，研究倫理や情報の取扱いへの配慮は最も重要な部分でもある．調査計画や実際の質問項目を検討する段階で，調査参加者／情報提供者のプライバシーを十分守ることができるかどうか，不快な思いをするなど心理的，精神的，物理的な負担や影響を与えないか，といった点について確認する必要がある．さらに，調査参加者の「知る権利」や「不当に利用されない権利」を守るためにも ① 調査実施者についての情報（連絡先を明示する），② 調査の内容や目的，③ データがどのように扱われるか，④ 参加者が利益を得たり不利益を被ったりする可能性，⑤ 参加者には発言内容の撤回や中止・辞退の権利があること（録音する場合は録音についても）を説明し，理解のうえで参加者本人の協力への同意をもらう必要がある．匿名で情報を集める場合も同様である．

　また，必要な倫理審査の手続きをしておかないと，研究そのものが学術研究としての評価の対象とならない可能性がある．高等教育・研究機関では，通常研究倫理審査委員会がおかれ，審査対象となる研究や手順が明示されているので確認する．また，国によって異なるが情報の取扱いは規制の対象であることが多い．

欧州連合（EU）及び欧州経済領域では EU 一般データ保護規則（GDPR）が適用され，個人に関するあらゆるデータが保護管理対象となる．域内で収集したデータは所定の処理をしないと持ち出すことができない．

　いずれにせよ，その調査がいかに重要なものであったとしても，調査の場所や対象者にかかわらず，人に関する情報はその人のものであり，情報をどう扱うかはその人に判断する権利があること，調査行為を通して他者を害することがあってはならないことを常に最優先にする必要がある．

　子育ての国際比較調査では，質問項目や調査の実施計画が具体化した段階で倫理審査を受けた．1 時間以上にわたって個人の生活や思いについて聞き取ることから，全体ミーティングで繰り返し内容や危険性を確認し，さらに各国チームでロールプレイなどによるトレーニングを行った．また，インタビュー中のリスク管理について，情報集約ルート，対応，責任体制などを確認した．説明書や同意書は事前に調査参加者へ送った．当日も時間をとって説明した後に同意書に記入していただいてから調査を行った．なお，筆者らが使用した説明書や同意書などの資料はウェブサイトから見ることができる．

　もちろん，研究領域によってやり方は異なるので，実績のある研究者のアドバイスに従うことが重要である．

7.3.4　インタビューデータのサンプル数

　さて，周到に準備した結果得られたインタビューデータであるが，数字で測れなかったり，サンプル数が少なかったりすると，分析結果の信頼性が低いように感じることもある．しかし，前節の最後の方で触れたように，サンプル数の正当性を説明することや，調査分析過程の追跡可能性，データ解釈過程の遡及可能性を高めることで誤差を小さくして妥当性を高めていくことができる．

　質的研究においてサンプル数を考えるときに重要なのは，データの飽和度（saturation）と冗長性（redundancy）の概念である．質的研究では，見つけたデータ群の傾向や共通性の多寡は大きな意味を持たない．データから浮かび上がる複数の概念（テーマ／カテゴリー）とそれら同士の関係を明らかにしていくことが質的分析の目的である．したがって，集めたデータから同じような概念しかみあたらず（冗長），これ以上集めても新しい概念が見つからなくなった（飽和）ときに，データの収集が終わる．果てしないように思われるが，複数の研究結果の

分析から，質的分析に必要なインタビューデータは30組のサンプルで十分であるとされている（Robinson, 2014）．比較的均質なグループから共通のテーマを特定するには，それ以下の件数（例えば16件以下）のインタビューで十分であるという研究成果もある（Hagaman & Witich, 2016; Guest, Bunce &Johnson, 2006 など）．では，飽和に達したことはどう判断すればよいだろうか．Francis らによれば，最低10回のインタビューを実施してから，飽和のチェックをし，さらに3回のインタビューで新たに有意なテーマが得られなかった場合に飽和に達したと判断することが適切であるとされている（Francis *et. al.*, 2010）．

7.3.5 分析・解釈過程の透明化：追跡可能性を高める分析手法

肝心の分析はどのように行えばよいだろうか．多様な質的分析手法があるが，日本人が開発した **SCAT**（大谷，2019）は，初学者でも取り組める手法であり，分析方法及びシンプルな分析ツールが公開されているので，学部レベルで取り組む場合に選択しやすい．ただし，筆者の経験からは研究の理論枠組みが明確でないと難しい．適切に分析を進めるために SCAT のセミナーに参加することが推奨されている．一方，**グラウンデッド・セオリー（GTA）**は，集めたデータから生成的に概念とその関係性を明らかにしていく手法である．GTA は1960年代に提唱され，主に2つの立場があるものの，分析方法として浸透・定着している．しかし，理論的飽和到達の判断が難しく，本格的に取り組む場合は相当の時間と労力が必要になる．日本ではこれを比較的平易に使用するための修正 GTA が開発され，保健医療・福祉の研究で頻繁に使用されている．

筆者らが国際比較分析で使用したのは，**テーマ分析法**（主題分析ともいわれる）である．分析手法が詳しく公開され，ガイドブックも出版されている（Braun & Clarke, 2022）．セミナーの動画もインターネット上で公開されているので取り組みやすい．テーマ分析法は，丁寧に分析を行うためにデータ量によって相当な作業が必要になるが，さまざまな研究分野や分析視角で利用可能であること，研究目的によって柔軟に利用できることなどが利点である．

7.3.6 テーマ分析法 Thematic Analysis

テーマ分析は，データ内のパターン（テーマ）を特定し，分析し，報告するための手法である．GTA のように概念を生成する（理解して名付ける）のではなく，

データセット全体を見渡して，研究者が「関心のあるものを選び，読者に報告する」ことを目的としている．出現率を厳密に検証する必要はなく，研究課題に関して重要なパターンを捉える必要がある．したがって，研究にあたっての研究者の理論的立場と分析視角を明確にしておくことが必要である．

実際の分析の過程では，繰り返しデータに目を通しながら，重要な箇所を取り出して，その部分が分析視角から見て何を意味するのかを検討し，その意味する概念を名づけていく．取り出した重要な箇所がコードで，この重要な箇所を取り出す作業をコーディングという．

テーマ分析では，分析の過程を詳細に記述することが重要である．そこでブラウンらは次のような手順を提示している．（Braun & Clarke, 2016）

　　　フェーズ1　データに慣れる（データ全体を見渡しアイデアを書き留める）
　　　フェーズ2　初期コードの作成（可能な限り多くの仮テーマをコード化する）
　　　フェーズ3　テーマの探索（コードを潜在的なテーマに分類する）
　　　フェーズ4　テーマの検討・見直し（候補のテーマの洗練化を図る）
　　　フェーズ5　テーマの定義とネーミング（テーマの「本質」を検討する）
　　　フェーズ6　レポートの作成（データの複雑なストーリーを描く）

子育ての国際比較研究では，Feinberg のコペアレンティング理論をもとに，インタビュー結果を分析した．検討する論点を絞っても，約1時間のインタビューの逐語録を数十件以上読み込み，試行錯誤しながら上記の手順を実施するのは相当の時間（月日）がかかる．そこで，筆者らは質的データ分析ソフトウェアを使って分析を行った．

7.3.7　分析の質の向上のために ——ソフトウェアの使用と検者間信頼性——

質的データ分析ソフトウェア CAQDAS は分析者が作業しやすいように，コーディングの仕分け，マーキング，メモなどをソフト上で行えるようにしている（自動分析ソフトとはいえない．）．医学・保健学，看護学，教育学，経営学などを中心に様々な研究領域で使用されており，帰納的分析，GTA，テーマ分析など多様な質的分析方法において用いられている（荒木田ら，2022）．

質的データの分析では，分析者が一人でまたは複数でカテゴリを抽出し，カテゴリ間の関係性の分析や整理を行う．その客観性や妥当性の担保には常に悩みがつきまとう．しかし，CAQDAS を使うことで，分析プロセスを記録・保存し，「よ

り客観的で再現可能な分析」を目指すことができる（荒木田ら，2022）．筆者も，大量なデータを扱いながら，マークを付けた箇所の抽出，修正，整理等ができるので，分析作業の負担を飛躍的に軽くしてくれるという印象を持った．

なお，テーマ分析では，複数のコーダー（分析者）がコーディングを行い，クロスチェックを行い，納得するまでテーマを検討することが推奨されている．子育ての国際比較研究では，内容分析（質的データ分析手法の一つで，テーマ分析に似ている．）の手法を応用し，コーディングマニュアルを作成してコーディングを行い，コーダー間で一致度を確認する検者間信頼性（inter-rater-reliability）検定を行い，一定の範囲に収まるようにすることで，分析者のバイアスを小さくした．

7.4 研究成果から得られた知見をまとめる

本章では，さまざまなフィールドワークの事例を紹介し，集めたデータの分析方法について述べてきた．さまざまな政策分析の事例では，フィールドワークが多様な出会いと情報をもたらし，視野を広げてくれること，それでもバランスの取れた理解や解釈をするために文献研究などが必要となったことを述べた．フィールドワークではサンプル数は少なくなりがちであるが，深く情報を集めて理解することで分析の精度を高めることができる．また，研究成果から得られた知見の応用可能性を示すことで価値を明確にできることについても述べた．

後半では，フィールドワークで行うことが多いインタビュー調査に焦点をあて調査実施の留意点と分析方法について述べた．よく知らない土地での調査の場合に予備的調査としてのフィールドワークが重要になること，人を対象とした調査では，調査参加者の権利を最優先し，研究倫理に十分配慮しなくてはいけないことについても説明した．そして，研究の価値を高めるという視点から，適切なサンプル数と，質的調査の分析方法について述べた．

フィールドワークには一つとして同じものはない．本章では，フィールドワークの成果を価値あるものにするための筆者の試行錯誤の経験から得てきたヒントを述べてきたが，研究の学問領域，テーマや研究視角によって応用できる部分は異なる．そうであっても，調査参加者（研究協力者，対象者）の権利はいかなる場合でも守らなくてはならないことは共通して重要である．

参 考 文 献

Braun, V. & Clarke, V. (2016): Using Thematic Analysis in psychology, *Qualitative Research in Psychology*, **3**, 77-101

Braun, V. & Clarke, V. (2022): *Thematic Analysis, A Practical Guide*, Sage Publishing

Francis JJ, Johnston M, Robertson C, Glidewell L, Entwistle V, Eccles MP & Grimshaw JM. (2010): What is an adequate sample size? Operationalising data saturation for theory-based interview studies. *Psychol Health.* **25**(10): 1229-45

Guest, G., Bunce, A. & Johnson, L. (2006): How many interviews are enough? An experiment with data saturation and variability, *Field Methods*, **18**(1), 59-82.

Hagaman, A. K. & Wutich, A. (2017): How Many Interviews Are Enough to Identify Metathemes in multisited and cross-cultural research? Another perspective on Guest, Bunce, and Johnson's (2006) landmark study. *Field Methods*, **29**(1), 23-41

Lincoln, Y. & Guba, E. (1985): *Naturalistic Inquiry*, Sage

Robinson, O.C. (2014): Sampling in interview-based qualitative research: A theoretical and practical guide, *Qualitative Research in Psychology*, **11**:1, 25-41

荒木田美香子, 豊増佳子, 仲野宏子 (2022): 質的研究における質的データ分析ソフトウエアの活用状況の実態. 日本看護研究学会雑誌, **45**(2), pp. 201-212

井頭昌彦 (2023): 質的研究アプローチの再検討——人文・社会科学から EBPs まで——, 勁草書房

大谷尚 (2019): 質的研究の考え方——研究方法論から SCAT による分析まで——, 名古屋大学出版会

鈴木直文 (2023):「「量」対「質」をプラグマティックに乗り越える」, 井頭昌彦 (2023) 質的研究アプローチの再検討, 勁草書房, pp. 147-171

堂免隆浩 (2023):「なぜ政策学では 1 事例のみの研究であっても評価されるのか」, 井頭昌彦 (2023) 質的研究アプローチの再検討, 勁草書房, pp. 173-202

藪長千乃 (2012): フィンランド・カイヌー行政実験における政策形成・決定過程の考察, 法政論叢第 48 巻第 2 号

III. 社会の仕組みを理解するためのフィールドワーク

8 途上国の農村経済・社会を理解するためのフィールドワーク

岡本郁子

はじめに

　真っ暗なガタガタの山道を四輪駆動車でひたすら揺られて 21 時頃に着いたのは，ぼんやりとした一つの蝋燭の灯りのみの，掘っ立て小屋の食堂だった．本来の目的地に行くには，車を小川の対岸まで運ぶ船を明朝まで待たねばならない．そこで，我々は簡素な炒飯を食した後，人だけ小船にのりこみ，対岸にある「宿」に案内された．漆黒の水面を静かに船が進む中，ふと上を見上げると，星空がきれいだったことは覚えている．「ここで休んでください」といわれた「宿」内は真っ暗で，空室とされた場所に，自身が持っていた懐中電灯を頼りに，狭く，硬いベッドを見つけ，長い車中での疲労もありとにかく横たわった．翌朝，にわとりの声とともに起床してまわりをみると，その「宿」の宿泊者の大半は，インド国境まで様々な物資を運ぶトラック運転手であった．

　これは，1990 年代末に，東南アジアの一カ国，ミャンマーで筆者が行っていた農産物流通に関するフィールドワークでの 1 コマである．ミャンマーは農業国であり，ちょうどその頃，国境貿易を通じた農産物輸出が本格化し始めていた．とはいえ，国境貿易の実態はその時点ではほとんどわかっていなかった．そこで農産物がインド国境経由でどういう形で輸出されているかを調べることがこの調査の目的だった．まずは国境貿易に関わる商人に聞き取りをするためにその貿易の中継拠点となっている町に向かっていたのだが，はからずも国境貿易向け商品運搬の「(時間を含む) コスト」がどのくらいなのかを身をもって理解することとなった．

　発展途上国の農村地域の経済の仕組み，人々の暮らしや社会を深く理解しようとするとき，現地に調査者自身が赴いての，ミクロな視点からのフィールドワークは不可欠である．たとえ研究対象に関する統計データや文献が存在し，インターネットを通じての情報収集が可能な現在でも，自らの「問い」に対する「答え」

を出すにあたって，フィールドワークは重要な役割を果たす．なぜならば，公開データや情報が調査対象の状況を正確に反映しているかを確認し，仮にデータ等から想定される状況と異なるならばその理由を探る必要があるからである．さらに，フィールドワークを通じて収集された数値情報だけでなく，それらの数値の背景や地域の文脈を理解することも重要だからでもある．フィールドワークは，現地の人びととの対話や観察を通じて，研究対象の地域社会や経済の仕組みに対する洞察を深めることができるのである．

　筆者は，1990年代初めからミャンマーの農村社会・経済に関する研究を行うために，ミャンマーの農村地域で多様なテーマでのサーベイ型のフィールドワーク（農村調査）を実施してきた．第1章で示されたように，現在のフィールドワークにはさまざまなタイプ，目的のものが含まれるが，筆者のフィールドワークは主に，研究課題に対する一次データの収集を目的とし，その収集したデータを補うあるいは裏づける質的データを得ることを目的としたものが大半を占める[*1]．

　本章では，前半で筆者の農村調査の経験をもとに，第1章との重複を可能な限り避けつつ，サーベイ型農村調査を行うにあたって留意すべき点を記す．そして，後半では筆者が行った過去の農村調査の実例をもとに，いかなる問題意識，リサーチ・クエスチョンのもとで，どのように調査を設計し実施したのか，そこからどのような結論を導いたのかを紹介する．

8.1　農村調査を行うにあたって

8.1.1　調査計画を練る

　農村調査の大きな鍵となるのが，どの地域を調査地とするかである．調査地域，調査村を選ぶ際にもっとも重要なのは，なぜその地域あるいは村が，調査テーマに照らして学術的に最適なのかを説明できるかどうかである．そのうえで，調査に充てられる時間や，調査地までの交通の便，あるいは調査村内での宿泊の可否など調査ロジスティックの条件も含めて，総合的に決める必要がある．

　調査村の決定には，主に2つの選択肢がある．一つは，対象地域内を「面的」にカバーすることを重視し，数多くの農村から一定数の世帯（例：10世帯）を

[*1]　そこには，ミャンマーという国の特殊性，端的にいえば，公開されている統計データが少なくかつ信頼性に乏しいことも大きく影響している．

無作為（ランダム）に抽出する方法である．もう一つは，対象地域の「典型」と考えられる村を「点」として掘り下げることを重視する方法である．「面」で捉える場合には全体的な傾向は把握できるものの，そこから得られるデータの背景や構造的な要因などの踏み込んだ分析はしにくい．一方，「点」に焦点をあてる，すなわち一か村調査の場合は，そうした踏み込んだ分析が可能となるが，「事例研究（ケーススタディ）」であるため，得られた結論がどこまで一般化できるかを注意深く論じる必要がある．

　結論の一般化の可能性と限界を明確にするためにも，事例研究の対象村はより慎重に選ぶ必要がある．繰り返しになるが，多くの村のなかで，その特定の村を調査対象とした理由あるいは基準は，学術的にきちんと説明できなければならない．換言すると，その村が国・地域のなかでどう位置づけられるかを明確にせねばならないのである．そのため，筆者の場合は，調査対象地域内の複数の村を訪問し，それらの村の基礎的な情報（例：人口，民族構成，世帯数，生業など）を収集したうえで，最終的な調査村を選択してきた．国・地域によっては，現地でこうした作業をせずともこの種の基本情報を得られることもあるかもしれない．しかし，ミャンマーの場合，そうした基礎情報がまとめられた媒体があることはきわめてまれで，村長などのノートに手書きで記録されているケースが大半である．そのため，複数の村を訪問し，こうした基礎情報を丹念にひとつずつ収集するプロセスが必要であった．

　事例研究型の調査で，調査対象者を選定する際にも，2つの選択肢がある．全世帯を対象とする悉皆調査か，あるいは世帯の一部を対象とするサンプル調査とするかである．悉皆調査には，たとえ1か村の調査でも，対象農村の経済・社会の「構造」がより把握しやすいというメリットがある．ただし，人口規模の大きい村の場合は悉皆調査にはそれ相応の時間を要する．一方で，サンプル調査の場合は，調査対象世帯の数が学術的に有意な結論を導くに十分かどうかを検討することが必要である．

　調査計画の全体的な枠組みが固まったならば，調査で明らかにしたい点を整理し，必要に応じて調査票を作成する．筆者の場合は，調査村の基礎情報収集用の調査票と，農村世帯のインタビュー用の調査票の2種類を用意することが多い．調査票を作成する際には，第1章にもあるように，「せっかくの機会なので調査地域や対象に関することは何でも聞いておこう」というスタンスはやめたほうが

よい. 重要なのは, ① 質問項目は体系だっているか, ② 相手が話しやすい順になっているか, ③ リサーチ・クエスチョンの答えを導くのに必要な質問の漏れはないかである. たとえば, 世帯レベルの金融取引の把握が調査の大きな目的としよう. とはいえ, お金の貸し借りや貯蓄は個人にとって日常会話では他人に話さないセンシティブな情報である. そのため, 筆者の経験では, 家族に関する基本情報, 就業状況など話しやすいところから質問を始め（調査者がその世帯の概要を把握できるというメリットもある）, 回答者がインタビューに慣れてきたところで金融取引関係の質問をするほうが, スムーズに進む.

　国や地域によっては, こうした学術調査の実施には公的な許可の取得が必要な場合がある. ミャンマーの場合は, 長い間にわたって, 外国人の観光地以外への入域には（調査か否かにかかわらず）政府の許可を要し, その手続きは複雑かつ不透明で, 許可取得までに時間がかかることが一般的であった[*2]. 仮に公的な許可を取得せずに調査を実施し, それをその後当局が知るところとなった場合, 調査者自身だけでなく, 調査対象である地域の人々が政府当局の監視の対象となり, 彼らの日常生活に影響を及ぼす危険性がある. そのため, 時間をかけて必要な手続きをすることは常に怠らないようにしていた.

8.1.2　調査を行う

　実際の農村調査で留意したいのは, 以下の点である. 第一に, 調査を行う時期と時間（帯）には配慮する. 第1章にもある通り, 調査対象の人々は忙しい日常生活のなかで, 調査者である自分のために貴重な時間を割いてくれているという意識を常にもつ必要がある. 相手の仕事や家庭の状況を考慮して, 最適なスケジュールを立てる. 農村調査の場合, とくに, 農繁期（農作業で忙しい時期）か農閑期（農作業が比較的少ない時期）かを考慮する必要がある. たとえば, 日雇い労働者へのインタビューのケースを考えてみよう. 待機時間も含め結果的に半日を割いてもらった場合, 実質的にその人はその日は働けないこととなり, 調査が1日分の収入を奪うことになる. そうしたことを避けるために, 聞き取り時間

[*2]　筆者は, 幸い調査許可を取得して入国したときも, 次の調査機会が得られるかには何の保障もないことを心にとめて, これが最後の機会かもしれないという気持ちで臨んでいた. 実際に, 入国した時点で調査許可がまだ下りておらず, さまざまな人に交渉して許可を取得する必要があったこともあり, その際には調査期間そのものを短縮せざるをえなかった.

写真8.1　2013年　ミャンマー・マグエでの農村調査
（調査村選定のための村落調査）

をできるだけ短くする，あるいはインタビューの時間帯を相手の都合に合わせるといった配慮が必要となる．

　第二に，インタビューを行う場所も，調査対象者の迷惑にならないように配慮し，臨機応変に決めることが大切である．インタビューを行う場所の理想は，調査対象者の自宅だろう．家族以外の他者がその場にいないため，個人に係わるややセンシティブな点でも尋ねやすい．また，実際の生活の様子も垣間見られることから，会話を通じて得られる情報以上のものも汲み取ることもできる．

　とはいえ，色々な事情があって自宅でのインタビューは避けたいという調査対象者もいるだろう．また，調査する側も時間的な制約から一軒ずつ訪問してのインタビューは難しいこともある．そうした場合には，村長などの村の有力者が開放してくれた家や村の公共施設，僧院，さらには野外スペース（写真8.1）に，調査対象者に来てもらうなど臨機応変に対応する．調査対象者の自宅以外でインタビューを行う場合，その場に調査対象以外の人もいることになり，センシティブな内容を話すことを躊躇する人がいるかもしれない．そうした聞き取りを行う場所によって生じるデメリット・メリットを調査者が認識し，相手が可能な限り話しやすい環境を整えることが大切である．

　第三に，事例研究でかつサンプル調査の場合，調査対象者の選定を適切に行うことも重要である．可能なかぎり恣意性を排除すること，すなわちランダム・サンプリングが望ましい．ミャンマーの農村の場合は，事前に村の世帯一覧を入手

することはほぼ難しい．そこで，調査村を決めた段階で村長に世帯のリストの作成を依頼し，その上で各世帯に番号を振り，たとえば奇数の番号の世帯のみを調査世帯として選び，インタビューの手配を依頼するということを行った．

　調査対象者をランダムに選ばない場合にしばしば起こるのは，調査対象者に声掛けする人（例えば村長）との関係が良好な「依頼しやすい人」，あるいは声かけの労力がかからない「近所に住んでいる人」といった人ばかりになることである．これでは，その村の状況をきちんと反映した世帯への調査とは言えなくなる．

　むろん，ランダムに選んだ世帯が，たとえば高齢で長時間の聞き取りは難しい，あるいは家族の看病で時間を割けないといった事情を抱えていることもある．その場合は，かわりとなる世帯を「ランダム」に選び，協力を依頼すればよい．

　そして，どんなに念入りに計画をたて準備をしても，実際の調査がその通りに進まないことはよく起こるということを理解しておく．天候の急な悪化で調査予定日に調査村までたどり着けないかもしれない．インタビュー対象の人が急用や急病のこともあるかもしれない．理由はわからないが，どうしてもインタビューを拒む世帯がいるかもしれない．そうした場合にも，その時々の次善の策を探りつつ慌てず対応すること重要である．実はそこにその調査地域の社会・経済的文脈，あるいは世帯が置かれている状況の理解につながるヒントがあるかもしれないからである．

8.2　農村調査の実例 ——ミャンマー農村金融市場の実態を明らかにする——

　ミャンマーの農村世帯の経済活動上の大きな制約の一つが，公的な金融サービスへのアクセスが難しいことであった．多くの農村世帯が，銀行などの公的な金融機関からの融資を十分に受けられず，そのため，生産や生活のために高利子を伴うインフォーマルな金融に依存せざるを得ないという状況が続いていたのである．ところが，2010年代以降，ミャンマーでも貧困緩和策の一つとして，マイクロファイナンス（小規模金融）が各地で展開し始めた．とはいえ，農村部の貧困層が実際にこうしたマイクロファイナンスにアクセスできているのか，既存研究では十分明らかにされていなかった．そこで，ミャンマー農村部の金融市場の現状，具体的には，農村世帯の金融包摂（マイクロファイナンスを含む公的金融へのアクセスができること）がどこまで進んでいるのかを明らかにするため調査

を実施することとなった[*3].

　この調査では，ミャンマーの代表的なふたつの農業生産が盛んな地域，米作地帯であるデルタ地域，畑作地域であるドライゾーン[*4]を調査対象地域とした．ここではそのうち，デルタ地域で実施した調査を詳細に紹介しよう．この調査は，2013 年から 2017 年の間に以下のように 5 度に分けて行ったものである．

1) 世帯調査を実施する調査村選択のための予備調査（2013 年 5 月，世帯聞き取り用の調査票のプリテストも実施）
2) 選択した調査村での悉皆調査（2013 年 7 月：248 世帯）
3) そのうち賃金前借を行っていた世帯に対する補足調査（2014 年 1 月：105 世帯）
4) 農産物生産費データ収集のための調査（2014 年 9 月：16 世帯）
5) 追跡調査（2017 年 1 月：2013 年時の賃金前借利用世帯 90 世帯と前借り供与世帯 25 世帯）

　まず，調査村の選択は，この調査がミャンマーのカウンターパートとの共同調査であったため，調査チームの移動の便などを考慮して，デルタ地域の大きな町から 10 キロ程度離れた郡（タウンシップ）内とした．① デルタ地域の代表的な作付けパターンの雨期米―マメ類，雨期米―乾期米栽培が行われていること，② コメ輸出企業が主導するコメ契約栽培が行われていること（これらの企業と農家の契約には生産に対する融資が組み込まれていたため），③ マイクロファイナンス・プログラムが実施されていることを条件としていくつかの村落区を農業灌漑省の出先機関に調査対象候補としてあげてもらった．そのうちの 6 村落区を訪れ，村落区・村の概要の聞き取りを行った．なお，村落区とはミャンマーの行政の末端単位であり，村落区に複数の村が含まれることが多い．村落区で聞き取った内容は，村別の世帯数，世帯の内訳，土地所有や農業経営の現状や農業銀行の融資状況，マイクロファイナンスの展開などである．

　訪れた 6 つの村落区の総世帯数はそれぞれ 185 世帯 ～ 716 世帯，各村落区に含まれる村の数は 4 ～ 14 とかなりの幅があった．この調査では村レベルの悉皆

[*3] 本調査は，国際協力機構（JICA）のミャンマー経済改革支援プロジェクトの農業・農村タスクフォースとして実施し，調査協力を農業灌漑省，イエジン農業大学から得た．なお，2017 年の調査は筆者が代表者であった科学研究費プロジェクトの一環として実施した．

[*4] ドライゾーンで実施した調査の結果は Hnin Yu Lwin *et.al.*（2020）にまとめられている．

調査を計画していたことから，調査に要する時間に照らしてそれが可能な世帯規模，また，先にあげた条件にすべて合致する村ということで K 村（248 世帯）を調査村とすることに決めた．調査後に判明した同村の世帯構成は，104 世帯が経営農地を持つ農家世帯，117 世帯が農業労働者（主な所得を農業賃労働から得ている）世帯，27 世帯が非農業（主な所得源が行商，商店経営など，自営農業，農業賃労働以外）世帯であった．すなわち，農家世帯よりも農業労働者世帯の方が多い村であった．

　本調査は，調査日数に制約があったため，調査対象世帯には村長の家に順に集まってもらうこととした．個々の世帯のインタビューは，ミャンマー側のカウンターパート数名が担当し，4，5 世帯の聞き取りを同時並行で行う方式をとった．1 世帯あたりに必要な聞き取り時間は 1 時間から 1 時間半程度で，この場合集中力を保ちながら聞き取りができるのは，1 日 5 世帯程度が限界である．筆者は調査全体の進捗を管理しつつ聞き取りを傍聴する形をとった．具体的には，いずれかの調査員による聞き取りに参加し，不明な点があれば調査対象者にその場で直接尋ねる．また，同時並行で進んでいる他の聞き取りに関しては，一つの世帯の調査が終わるたびに筆者が記入済みの調査票をその場で確認し，回答に漏れや不明な点などがあればそれを調査対象者に尋ねることを繰り返した．そうすることで，筆者も全ての調査票にその場で目を通していることとなる．

　この本調査では，家族構成，農地保有，農業経営と所得，非農業所得，資産（家畜，耐久消費財）に加えて，フォーマル金融取引（銀行，マイクロファイナンス），インフォーマル金融取引を主な調査項目とした．インフォーマル金融のなかには，親戚・知人，あるいは村内の農家，町の金商人からの借入れと同時に，農業労働者世帯による賃金前借りという項目を加えた．これは，農業労働者が，例えば田植えや収穫作業が実際に行われる時期の 2〜3 ヶ月前に，農家のところに出向き，実際の農作業時にはその農家の圃場で働くことを約束して賃金を前借りするという慣行である．こうした慣行がこの地域では残っていることが，村落区の概要に関する聞き取りのなかでわかったので質問項目に加えたのである．

　本調査をしながら気づき始めてはいたが，帰国後に調査データを整理したところ，筆者の当初の予想以上に農業労働者世帯と零細農家世帯の多くが，この「労賃前借り」を行っていることがわかった．筆者にとってこれは思わぬ発見であり，この地域の農村金融の現状を読み解く鍵は，どうもこの慣行にありそうだと考え

た．そこで，労賃前借り慣行がなぜこのように広範にみられるのか，その点を明らかにするために改めて調査を実施することとした．それが，本調査から約半年後に実施した補足調査である．

本調査では各世帯が農作業に従事する際に賃金の前借りをしたか否かを尋ねるにとどまっていたが，この補足調査では，① 賃金前借りをした具体的な農作業，② 前借りをした時期，③ 前借りをした家族の人数，④ 一人あたり前借りした額，⑤ 実際の農作業時点の賃金を聞き取った．同時に，賃金前払いをしていた農家世帯数世帯からも，① どういった労働者に，② どういう条件で前借り賃金を渡すのかなどの情報を収集した．

また，世帯の所得水準と賃金前借りの有無の間にも何らかの関係がありそうだと考えたことから，農業所得の推計をより厳密に行うため，調査村の主要農産物の生産費調査も別途行うことにした．本来は農業経営を行っている全ての世帯に対して生産費調査をすべきだったが，時間的制約から次善の策として以下のような方法をとった．農家世帯を経営面積別で小農・中農・大農の 3 つのカテゴリーに分けたうえで，調査村の農家から各カテゴリーでランダムに 5 〜 6 世帯ずつ選ぶ．そのうえで，3 つのカテゴリーの平均的な生産費を推計し，農業所得を計算する．この生産費調査の調査票は筆者が作成したが，筆者のミャンマー渡航が難しかったため，生産費データの収集はミャンマー側カウンターパートに依頼した．

これらの本調査と補足調査で得たデータの分析を通じて出てきた結論は以下の通りである．① 所得が低い零細農家世帯と農業労働者世帯は，既存の公的金融機関やマイクロファイナンスからの借入れが難しい．② さらに，彼らは低所得が故の信用力の低さからインフォーマルの借入れすらも困難であり，それが故に農作業の 2 〜 3 ヶ月前（＝農閑期）の賃金前借りに依存する傾向がある．③ 前借りした場合，得られる賃金は実際の農作業時の賃金相場より半額程度の水準であり，実質的に労働を担保とした融資とみなすことができる．④ 一方，賃金を前もって渡す農家も全労働日数分相当の額を払うわけではなく，1 世帯あたりの前借額そのものは少額である．⑤ しかし，そこに課されている実質的な利子率は通常のインフォーマル金融よりも飛躍的に高いものである（インフォーマル金融の利子率が平均月利 7.6％とすると，前借りの利子率は平均月利 49.1％）．

その後，この調査を学術論文としてまとめるにあたって，2017 年に追跡調査を実施することとした．このような，同じ調査対象から異なる時点で得られたデー

タをパネルデータという．この調査の目的は，2013年時と比べてミャンマー国内でマイクロファイナンスが定着し始めていたこと，経済状況も改善したことを受けて，2013年時点での賃金前借り利用世帯の金融取引に変化があるかを明らかにすることであった．加えて，賃金前借り取引慣行の社会・経済的背景，得られた現金の使途などについても調べることとした．調査前の筆者の予想は，賃金前借り世帯はかなり減っているだろうというものだった．この調査では，前回の調査対象の105世帯全てからの聞き取りを予定していたが，他地域への転出や一時的に不在の世帯もいたため，実際に聞き取りができたのは90世帯のみであった．そうした調査上の制約を加味しても，前回調査よりも世帯の借入れ全体に占める賃金前借りの割合は低下したものの，世帯当たりの前借り額はむしろ増加していた．すなわち，（筆者の予想に反して）同村ではまだ広範にこの賃金前借り慣行が行われていることが確認された．また，これらの前借りで得た現金は，それぞれの世帯の生産活動のためではなく，日々の生活（消費等）のために用いられているケースが大半であることも明らかになった．

　この一連の調査から得られた結論は以下の通りである（Okamoto *et al.*, 2021）．賃金の前借りは，いわゆるインターリンケージ型金融と呼ばれるものである．こうしたインターリンケージ型金融は，途上国で金融市場が未発達の場合に貧困層の重要な役割を果たすことは1970年代以降多くの研究で指摘されてきた．一方，ミャンマーのデルタ地域では，2010年代に入って貧困対策として，マイクロファイナンス導入を始めとする金融包摂政策が推進されていた．しかし，そうしたマイクロファイナンスもミャンマー農村の貧困層（特に農業労働者世帯層）にとってはアクセスしにくいものであり，貧困層は前借り慣行という労働を担保としたインターリンケージ型金融に依存し続けている．前借り慣行に伴う実質的な利子率は高い．しかし，農繁期と農閑期があるために農業労働者世帯や農業労働に生計を一定程度依存せねばならない零細農家は，現金収入の大きな変動に直面する．こうした貧困層は，消費標準化（すなわち，可能なかぎり消費レベルの変動を抑え一定に保つこと）という志向をもつ．それがゆえに，彼らにとっては「前借りで利子をどれだけ支払っているか」よりも「必要なときにどれだけ現金が手元にあるか」のほうが重要なのである．途上国の世帯向けの社会政策の目的には「保護（protection）」と「促進（promotion）」の2種があるとされている（Drèze & Sen, 1989）．このような文脈から，農村金融政策についても，貧困層がもっとも

必要とするのは必ずしも多くのマイクロファイナンス融資が想定する経済活動の「促進」のみではなく，生活の「保護」を念頭におく必要があるだろうと結論づけた．

おわりに

本章では，農村の経済・社会を理解するためのフィールドワーク（サーベイ型の農村調査）の一般的な留意点を示したうえで，一つの研究テーマに関する調査事例を詳しく紹介した．農村調査がどのような「問い」から始まり，その過程で明らかになった事実をさらに深めて追及し，「答え」を導きうるのかが少しでも伝われば幸いである．

紹介した調査事例は，複数人で構成される調査チームで実施し，事前調査，本調査，複数回の補足調査を重ねた，長期間にわたるものである．こうした実態調査を行う際には時間，調査資金の制約があることも少なくなく，常にこのようなプロセスを経ての調査が可能なわけではない．その時々の条件のもとで，研究目的を達成するためにはどのような調査設計が最善かを考え実施することが重要である．

また，最後に強調しておきたいことは，フィールドワークはそのときの自らの「学術的な問い」への答えを見出すことが一義的な目的ではあるが，実際にはそれにとどまらない経験や知見を得る機会でもある．フィールドワークは，対象地域に身を置き，そこで見聞きする全てのもの，生活の匂い，さまざまな人との対話を通じて，地域や人の暮らしを全身で理解する機会を与えてくれる．調査者はそうしたフィールドワークを通じて，新しい発見や学びを重ねることができるのである．

参考文献

Drèze, J. & Sen, A. (1989): *Hunger and Public Action*, Clarendon Press

Hnin Yu Lwin, Okamoto I & Fujita K. (2020): How the landless households survive in Myanmar's central dry zone: Focusing on the role of interlinked credit transaction between toddy palm climbers and traders, *Asian and African Area Studies.*, 20, 65-91

Okamoto,I.,Hnin Yu Lwin, & Fujita, K. (2021): The persistence of credit–labor interlinked transactions in rural Myanmar: The case of Kanyingu Village in Ayeyarwady Delta, *Journal of Rural Studies*, **82**, 468-478

III. 社会の仕組みを理解するためのフィールドワーク

9 教育を理解するためのフィールドワーク

金子聖子

はじめに

　自分の受けてきた教育への違和感や，塾講師や家庭教師のアルバイトをするなかで抱く疑問，または，留学生との会話のなかや，自身が留学して異なる教育背景を持つ人との交流で生じた疑問などをきっかけに，教育という分野に関心を持つ学生は多いように感じる．教育学は固有の方法論を持たず，哲学，歴史学，法学，心理学などの方法を用いて，広く教育という事象を研究するものである（苫野，2022）．自分の受けてきた教育にとらわれてしまう危険性も教育研究ははらんでいる[*1]と言え，科学的な調査技法を身につけることが必要である．

　国際的な議論に目を向けると，持続可能な開発目標（SDGs）の第4目標では，誰もが公平に質の高い教育を受けられることが掲げられ，男女ともに無償の初等・中等教育を修了し，高等教育を受けられるようにすることなどが目指されている．誰一人取り残さないこと（No One Left Behind）が強調され，これまで支援の届きづらかった，特に脆弱な立場に置かれやすい，取り残された10％（Last 10％）への支援が急務となっている．教育分野での質的調査は，ある社会現象の仮説を検証するよりも，少数の事例の詳細な調査を行い，そのものの性質を明らかにすることを目的とする（澤村，2005）ものであり，一人一人のニーズに目を向けるためには，フィールドワークで得られた一次データに基づく研究が，今まで以上に求められていると言えよう．

[*1] 中室牧子は『「学力」の経済学』（2015，ディスカヴァー・トゥエンティワン）の中で，特定の個人の経験に基づいて教育に関する意見を述べる人が多い「一億総評論家」状態に対して警鐘を鳴らしている．

9.1 比較教育学の手法

　筆者が専門とする比較教育学の分野では,「比較」という名が付いているものの,ある二ヵ国や複数の国々の教育制度や政策を比較するという研究はそれほど多くない. それよりも, ある特定の国や地域の歴史, 社会, 文化との関わりのなかで教育実践や制度を深く理解しようと試みる研究が多い. とはいえ,「比較」の視点を全く持たないわけではなく, 常に自分がこれまで見聞きした国・地域の教育を念頭に置き対比させながら, 自らのフィールドと向き合うことになる. 比較教育学における主な研究手法には, 仮説を立て, 収集したデータを分析し, 仮説を検証する量的研究と, フィールドに自ら入り, 現地の人びとと活動や生活をともにしながら残した記録や, インタビューなどの調査結果から仮説を生成する質的研究とがある (山内, 2019).

　筆者は 2015 年頃から, 学位取得を目的としてマレーシアの高等教育機関の正規課程で学ぶ留学生が, なぜマレーシアを留学先として選択し, いかに教育から職業へ移行し, マレーシアや第三国で移民となっていくのか, その過程についてインタビュー調査を中心的な手法として研究してきた (金子, 2023 を参照). その際に, 背景が異なるため直接的な比較は行わないものの, 常に日本の留学生受け入れ政策や留学修了後の進路などと対比させながら研究を進めた.

　その過程で, 留学生と難民, そして難民を支える人々との境界線は, 実はあいまいであることがわかってきた. 留学生としてマレーシアに渡航しながら, 難民などを対象とした学習センター[*2] の校長にパートタイムで就く者もいたためである. このことから最近では,難民の子どもたちが教育を受ける学習センターで,教師の果たす役割についての研究も進めている.

　以上のことから本章では, 特に筆者がこれまでに実施した留学生や難民を対象とする質的研究を例に, 教育を理解するためのフィールドワークについて説明していきたい. ここでは海外の教育機関で調査を行うことを前提としているが, その原則は国内外を問わず当てはまる. 自身のフィールドに置き替えて読み進めて

[*2] マレーシアでは,外国人は公教育を受けることが認められていない. インターナショナルスクールに通うことは可能だが,高額な学費がかかることから, 難民の子どもたちの多くは非正規の学習センター (learning center) で勉強している.

ほしい．なお，フィールドワーク全般の詳しい解説は，佐藤（2006）などを参考にするとよいだろう．

9.2 フィールドワーク先の選択

　教育を理解するためのフィールドワークには一般的に，観察，インタビュー，質問紙，資料収集，実験がある（関口，2013）．本章ではインタビュー調査を中心に説明していく．まずはフィールドワーク先をどのように探すのかということが最も頭を悩ます点であり，調査の成否を握っているとも言えよう．調査の目的を明らかにし，その目的に叶ったフィールドを探すことが大前提であり，フィールドを選択する基準を予めしっかり定めることが大事である（メリアム，2004）．教育分野では一般的に，小・中・高等学校や大学，それに幼児教育・保育施設などの教育機関・施設がフィールドになることが多い．それ以外にも公民館や上述の学習センター，NGO など，非正規の教育の場もありうるし，問いの立て方によっては教育省をはじめとする政府機関や，子どもの保護者が対象になることもあるだろう．フィールドの探し方にはさまざまなケースがあると考えられるが，学部生・院生を想定して以下の4点を紹介したい．実際にはこれらのなかからいくつか組み合わせて実施することも多いだろう．

（1）　**何らかのコネクションを頼る**

　自身のそれまでの活動の中で関係を持ったことがある機関や人物，またはそれら関係者から紹介してもらった人々などを突破口とするものである．例えば筆者の留学生研究であれば，研究開始以前に高等教育開発分野で働いていた際に知り得た機関や人物にコンタクトを取ることから始めた．学部生・院生ではそのようなコネクションが乏しい，と考えることもあるかもしれない．しかしボランティア活動やインターンシップ，アルバイトで知り合った機関や人物にまずは連絡を取ることで，きっかけが見つかる場合もある．逆に言えば，あるフィールドに入りたければ，まずはボランティアを募集していないか，スタディツアーなどが実施されていないか，調べるところから始めるという手がある．

（2）　**質問紙調査の回答者から選択する**

　インタビューの前に質問紙調査を実施していれば，そこで回答してくれた機関や人物にコンタクトしてみるという方法もある．質問紙調査に回答してくれてい

る時点で，こちらの調査に時間を割いてくれる何らかの特質を備えていると考えられる．調査に好意的かどうか回答から探ることも可能かもしれない．筆者はマレーシアに逃れた難民の教育研究を開始する際，まずは UNHCR（難民高等弁務官事務所）マレーシアオフィスのウェブサイトに載っている，マレー半島に存在する全ての学習センターを対象に，質問紙調査を実施した．回答が得られた学習センターの中から，立地的に訪問が可能なセンターを選び，インタビュー・観察を行うための依頼を行い，フィールドワークを継続している．

(3) ウェブサイトから連絡先を得てコンタクトする

全くコネクションがない，もしくはさらに訪問先を増やしたい場合は，ウェブサイトで自身の調査目的に叶う場所を探し，メールや電話でコンタクトを試みる手もある．筆者も留学生研究において，より多様な背景を持つ高等教育機関で調査を行うため，大学のウェブサイトから関連すると考えられる部署を探し，メールで打診し調査につながったことがある．メールを送る際にはタイトルを要点が伝わる簡潔なものとし，メール本文もスクロール不要な長さとし，調査の目的を分かりやすく丁寧に伝えることが重要である．

(4) スノーボール・サンプリング

調査に参加してくれた人に，別の調査参加者を紹介してもらう方法である．調査参加者の属性が偏ってしまうという問題点はあるが，特定の属性の人に調査を限定している場合などは効果的である．筆者はマレーシアに留学するさまざまな国籍の人びとを対象に調査を進めたが，途中で元留学生の形成する社会的ネットワークに着目し，バングラデシュ出身の元留学生に属性を絞って調査を行った時期がある．その際は，同国出身者の結束の強さ，また調査に気軽に応じてくれる国民性もあり，スノーボール・サンプリングは非常に有効な方法であった．

9.3　インタビューの準備

インタビューを行うにしても，質問紙調査のように質問紙を用意し，その内容に沿って聞いていくのが漏れがなくて良いだろう．もちろん，質問紙の内容だけにとらわれるのではなく，調査参加者がより話したい事柄や，発展できそうな内容についてはさらに詳しく聞いていくのがよい．このような手法は半構造化インタビューと呼ばれる．質問紙の項目や順番を厳格に定める構造化インタビュー，

自由に調査参加者に話してもらう非構造化インタビューと比べ，最も多くの研究で採用されているインタビュー手法と言えよう．

　もし可能であれば，質問紙を事前に調査参加者に送り回答をもらっておければ，予め時間をかけて聞きたい箇所を決めておけるうえ，調査参加者の背景について自分なりに調べておくこともできる．例えば筆者がマレーシアの大学で留学生や元留学生に対して行ったインタビューでは，留学生の出身国が多岐にわたっていた．それでも，記入済みの質問紙をできる限り事前にメールで送ってもらうことにより，例えばガーナやギニア，ザンビアといった，それまであまり馴染みのなかった国々の基本的な情報を集めたり，留学生の出身地であるバングラデシュの村の位置や，元留学生が勤務している在マレーシアの外資系企業の情報などについて，事前に調べたりすることができた．そのことで，インタビューの限られた時間を有効に活用し，内容をより深いものにすることができたと考えている．さらに，事前に質問紙を相手に読んでもらうことで，何を目的に調査が行われるのかを予め理解しておいてもらうことが可能である．

　質的研究では個人や集団の営みを観察したり，話を聞き取ったりするため，多くのプライバシーや個人情報を取得することになる．所属機関における研究倫理規程を必ず確認し，定められた申請を行う必要がある．特に社会的な弱者となりやすい人びと（子どもや障がい者，難民など）に対する調査は注意を要する．一般的には，文書で研究の目的や研究参加者に与えうるリスクについて説明し，個人情報は守られること，取得した個人情報は責任を持って管理され，目的が果たされた後には責任を持って廃棄されること，いつでも研究参加やインタビュー結果の分析の取り止めを伝えられることなどを伝え，同意書を事前に取ることになる．子どもに対する調査を行う場合は，保護者の同意が必要である．研究協力依頼書と同意書のフォーマットについては，太田（2019）などが参考になる．

9.4　インタビューの実施

　半構造化インタビューのノウハウや必要な心得については，上野（2018）の第9章に詳しいので参考にするとよいだろう．インタビューの際には，相手との信頼関係（ラポール）を築くことが重要であり，そうでなければ表面的な話しか聞けないことになる．話し手に気持ちよく話してもらうことが大事で，話し手を遮

ることなく深い語りを引き出せるよう，相槌や問いかけをうまいタイミングで入れていく．また，話された言葉だけでなく，話し手の仕草や間の取り方などの様子についてもよく観察し，できる限りメモを取ることが重要である．経験を重ねればインタビューはうまくなっていくものだが，人間同士のことなので相性が合わず話の弾まない人もいるだろう．仮にうまく聞き取れなかったと感じても，気落ちせずに続けていくことが大事である．その内容も調査者の中で咀嚼され，次のインタビューや分析，考察で必ず生きてくるはずだ．

　一般的にインタビューの時間は長くて1時間半，もし相手の時間の制約や，話が続かないなどあれば，30分程度で終わることもあるだろう．そのような短時間のインタビューで聞き取ったことが本当に意味のあることなのか，表面的なことを聞いただけではないかと疑問に思うこともあるかもしれない．そのため，例えば留学生へのインタビューを行うのであれば，できるだけ多様な背景（国籍，性別，学年，教育課程，専攻分野など）を持つ留学生に当たるのはもちろんのこと，留学生受け入れ担当の教職員や大学経営陣，留学を修了した者を雇用した企業の採用担当者や上司など，異なる立場の人にインタビューを行うことを試みるのが良いだろう．この手法はトライアンギュレーション（三角測量）と呼ばれ，事象を多角的にとらえることにつながる．もちろん事情が許すのであれば，同じ人物に時間をおいて複数回，話を聞くのも良いだろう．

　オンラインインタビューは，コロナ禍を経てますます一般的になり，便利な調査手法として使われていくと考えられる．筆者も，どうしても現地で都合が合わず会うことができなかった協力者に，オンラインでインタビューを実施した経験がある．ただ，オンラインのみの関係性では，限られた時間のインタビューで多くの情報を得ることは難しい．決まった事項について答えを得ることはできるだろうが，ある出来事をその人がどうとらえているのか，そもそも一体この人はどのような人なのかということを，対面でも短時間で推し量るのは難しいが，オンラインではさらに障壁がある．それ以前にオンラインでは，話を続けたり発展させたりすることが難しい場合も多い．

　すでに知り合っていて何度か会ったことがある人に，オンラインで補足的・追加的に話を聞くことに大きな問題はないだろう．オンラインのみの関係性では，話は参考程度にとどめておくのが良い場合もある．それでも，できるだけ複数回話す，別の立場の人にも話を聞くなどして，複層的に事象をとらえようとするこ

とが肝要である.

9.5 フィールドワーク終了後

インタビューや観察の記録は,できるだけ早く書き起こしておくべきである.インタビューの録音や,写真・ビデオなどが残っているとしても,記憶が薄れないうちに文字起こしや記録を自分で行うのがよい.筆者はインタビューの文字起こしを,できる限り現地調査から帰国する際の空港での待ち時間や,飛行機の中で終わらせるように努めていた.そうしなければ記憶が薄れるということもあるが,帰国すれば別の用務に気力や時間を取られてしまい,どんどん作業が億劫になってしまうためである.

質的研究は統計学的な意味での一般化が目的ではなく,調査参加者個人の経験や語りを,研究者との相互行為によって共同で構築し,その語りを深く読み込んで十分に記述的な分析を行うことに重きを置く.質的データの分析では,記録されたデータを読みながらコードを付し,それをもとに理論化を行うことになる.質的データの分析方法としては,KJ 法やグラウンデット・セオリー,PAC 分析,複線径路・等至性アプローチなどさまざまなものがあるが,ここでは SCAT (Steps for Coding and Theorization) を取り上げたい.どの分析方法を用いるかは,研究の目的や分析の対象,アプローチに拠るものであるため,章末に挙げた研究手法に関する文献などを参考にして決定するのが良いだろう.

本章で SCAT を取り上げる理由は,同手法が明示的で段階的な分析手続きを有し,比較的小規模なデータに適用可能であり,初学者にも着手しやすいため(大谷, 2019)である.また手法を解説した論文や分析のフォーム(エクセル)が SCAT のウェブサイトからダウンロード可能である[3].詳しくは書籍やウェブサイトを確認してほしいが,SCAT は 4 ステップのコーディングを行ってデータを脱文脈化し,ストーリーラインを紡ぐことで再び文脈化を行い,そこから理論を記述するという流れである.

---

[3] 以下のウェブサイトより,SCAT の解説論文や分析のためのフォームをダウンロードできる.
https://www.educa.nagoya-u.ac.jp/~otani/scat/

9.6 インタビューの事例

ここでは筆者が実際にインタビューで聞き取った内容を参考として示したい. 最初に, マレーシアに留学して修士号・博士号を取得した後, 任期付き研究職としてマレーシアの大学に採用された, イラン人元留学生の語りを取り上げる. 留学修了後のキャリアについて尋ねた筆者に対し, 以下のように述べた.

「…私の履歴書上は浮き沈みがあるが, これがマレーシアの大きな問題なのである. 彼らの政策では, 全ての外国人をこの国から追い出したいのだ. いてほしいのは金持ちだけ. 金持ちは金を使ってくれる. 政府の金を使う外国人は必要ではない. 本当にコミュニティのため, 大学のために働いている人を大事にしようとしない. 働いている人を後押しするのではなく, 会社や雇用を作る人だけ後押しするのだ. 雇用を作るということは, それだけ資本が必要である. 私にとってそれは無理である. …将来がはっきりしない. 8年もここに住んでいて何も得られていない. いまだにビザのために格闘している. 8年も経って, ビザのことを心配するのではなく, 仕事に, 研究に集中させてほしい. これがマレーシアを好きになれないところだ. …私の次のステージは先進国である. (いったんマレーシアを出れば) もう二度と戻ることはない.」

このように, 外国人研究者の不安定な身分や滞在資格について焦燥感を顕わにした元留学生であったが, その後, マレーシアの別の大学の任期付き研究職に就いた. 2年半後の再インタビューでは以下のようにも語っている.

「マレーシアの素晴らしいところ, それは, 希望は与えてくれないけれど, いつまでも住み続けられるところだ (笑いながら) …率直に言って, 私の今のポジションは, マレーシアが与えてくれたものである. 10年もこの国に住んで, 第二の故郷になっている. もし住み続けられるなら, ビザを取れるなら, 永住権がもらえるなら, マレーシアに住み続けて, 様々な困難な状況にも折り合いをつけるであろう.」

上記の内容はインタビューのごく一部であり, 他の語りとも合わせ, 理論記述の一部として「外国人研究者に対する差別を黙認してでも, 唯一無二の解決策としての永住権取得を優先する」を記した. 永住権の獲得すなわち移住を目的とし

た留学は，開発途上国から先進諸国に向かって大きな人の流れを生んでいる．このような元留学生の語りから，永住権が留学生にとって最優先事項であることに気付かされた．また，新興国でありイスラム世界のリーダーとしてのマレーシア独自の位置付けを描き出すことを，研究のオリジナリティに据えた．続いては日本で高校を卒業後，マレーシアの大学の学士課程で経営学を学ぶ日本人留学生の語りを紹介する．

　「これだけアジアを感じられる．勝手にこの留学中に，なんだろう，Asian
　Identity みたいなのができちゃって．…これから先，何するにしても結構な
　んか，アジアを見て，アジアのためにってのを，ちょっと軸にしてやってこ
　うかなとは思ってる.」

他の語りとも合わせ，この日本人留学生のインタビュー結果の一部として「欧米留学では得られない，マレーシアをフィールドとした授業の醍醐味やアジア人の集積するマレーシア留学のもたらすアジア軸の確立は，マレーシア留学の比較優位性である.」という理論記述を行った．先進国から新興国への学位取得留学という，国際留学生移動の新たな潮流を描く試みにつながった．

9.7　研究を進めるうえで

最後に，教育分野に限ることではないが，学部生・院生が研究を進める上で筆者が大事だと考える点を以下に示したい．

(1)　自分の興味のあるテーマを選ぶ

先行研究を行い，フィールドワーク先を選択し調査を実施し，データを分析し考察を行い，数万字の論文を執筆するのは，労力と時間の取られる骨の折れる作業である．それを貫徹するためには相当な動機がなければならない．自分の興味のあるフィールドで他者から聞く話は，この上なく刺激的である．特に質的研究の場合は，初めから理論的枠組みを定めるのではなく，調査を進めながら先行研究との行き来を繰り返し，仮説を生成していくことが多い．インタビュー，文字起こし，分析を重ねる中で，ある時突然これはこういうことだったのか，と気付く瞬間が訪れる．大変なことも多い調査・研究だが，これが醍醐味の一つであり苦労が報われる瞬間なのではないか．

(2) 自分の比較優位性が生かせるテーマを選ぶ

好きなテーマというだけで比較優位性があると考えられるが，自身の持っているコネクションが生かせると，独自性も増すだろう．さらに前述の上野（2018）は，「わたしの問題をわたしが解決するための，一種のアクションリサーチ」として「当事者研究」を挙げ，ひきこもり経験者や過労死家族，「総合職女子」といった背景を持つ者たちによる研究を紹介している．まだ研究テーマが決まらないという人も，自身が当事者として経験した出来事や，普段から感じている疑問点や違和感を洗い出すことから始めてみよう．

(3) 大学生・大学院生であることを活用する

学生の中には，「私は研究者じゃないから立派なフィールドワークが行えない」と考える者がいる．卒業論文や修士論文を書く時点で研究者の一員であるし，むしろ学生であることの優位性を生かしてほしいと考える．職業研究者としては得られない情報や，話の聞けない人々にアクセスすることが可能かもしれない．インタビューなどの調査でより身近な存在として話を聞けるのはもちろんのこと，調査の場を離れて子どもたちや若者と触れ合う中で，同世代ならではの気付きや視点を得られることもあるだろう．校長や教師，保護者が，子や孫に接するつもりで色々教えてくれるかもしれない．謙虚に教えを乞う気持ちでフィールドワークを行い，出会った人たちに感謝しながら，フィールドから得られたことをぜひ自信を持って論文の形で世間に発表してほしいと思う．

参 考 文 献

上野千鶴子（2018）：情報生産者になる，ちくま新書
太田裕子（2019）：はじめて「質的研究」を「書く」あなたへ，東京図書
大谷尚（2019）：質的研究の考え方：研究方法論から SCAT による分析まで，名古屋大学出版会
金子聖子（2023）：国際移動時代のマレーシア留学——留学生の教育から職業・移民への移行——，明石書店
佐藤郁哉（2006）：フィールドワーク——書を持って街へ出よう——，新曜社
関口靖広（2013）：教育研究のための質的研究法講座，北大路書房
苫野一徳（2022）：学問としての教育学，日本評論社
澤村信英（2006）：「教育現場における調査技法」．黒田一雄・横関祐見子編著，国際教育開発論——理論と実践，有斐閣，pp. 279-294
メリアム，S. B. 著，堀薫夫，久保真人，成島美弥訳（2004）：質的調査法入門——教育における調査法とケース・スタディ——，ミネルヴァ書房
山内乾史編（2019）：比較教育学の研究スキル，東信堂

IV

まちづくり計画のための
フィールドワーク

Ⅳ. まちづくり計画のためのフィールドワーク

10 都市計画やまちづくり，地域づくりの フィールドワーク

志摩憲寿

　都市計画やまちづくり，地域づくりは，「都市」や「まち」，「地域」という空間を舞台とし，かつ，こうした空間は，そこに住む，働く，または憩う人びとの長い時間にわたる営みの上に成り立っていることから，都市・まち・地域において重層的に存在する「空間」と「時間」を捉える必要がある．フィールドワークの対象とする現場を建物一棟一棟から街区，丁目……都市，さらには都市圏などさまざまなスケールから対象地の空間や社会の現在の姿をとらえたり，また，対象地がどのように形成され，そして，どのような方向に向かおうとしているのか，対象地の来歴や将来の方向性も視野に入れた時間的理解も求められる．しかしながら，限られた時間で行うフィールドワークでは，必定，現場で得られる情報は限定的であることから，「フィールドワークで何を明らかにするのか」その目的を明確にし，また，事前にできる限りの情報を収集・整理・分析して入念な準備をしておかねばならない．本章では，都市計画・まちづくり・地域づくりフィールドワークで多い街区 ～ 丁目 ～ 町くらいのスケール（以下「地区」と呼ぶ）での日本国内の都市部におけるフィールドワークを念頭に置いて，その準備と方法を概説することとしたい．

10.1　地区のベースマップを準備する

　都市計画・まちづくり・地域づくりのフィールドワークでは，現場で地図上に情報を書き込んでゆくことになるから，ベースマップの準備は欠かせない．準備したベースマップをA3版くらいに印刷したり，タブレット端末にダウンロードして現場に持ってゆく．

　このベースマップには建物が判読できる数千分の1から1万分の1くらいのスケールのものがよいが，標準的には，国土地理院が全国で同じ規格で作成してい

る地形図などを用いるのがよいだろう．国土地理院の「地理院地図（電子国土 Web）」では，フィールドワークの対象とする地区のみならず，建物一棟一棟からさまざまなスケールで地形図をブラウザ上で閲覧することができるほか，標高図や「土地条件図」（山地，台地・段丘，低地，水部，人工地形などの地形を示した地図），「治水地形分類図」（扇状地，自然堤防，旧河道，後背湿地などの地形を示した地図）といった土地の成り立ちに関する各種地図，おおむね 1940 年代から現在までの航空写真，さらに，近年の災害履歴を写真で閲覧することもでき，後述するような地区の現在や来歴を知るのにも役に立つ．なお，地形図をはじめとする国土地理院が発行する地図には紙媒体でも入手できるものもある．

建物一棟一棟を詳しくという意味では，「ゼンリン住宅地図」もよく用いられる．住宅地図は，ゼンリンの調査スタッフが一棟一棟の建物名や居住者などを調べて作成されており，1,500 分の 1 または 3,000 分の 1 で各建物について詳しい情報を得ることができる．ただし，調査は目視で行われていることから，道路から見えない部分など建物形状が必ずしも正しくない場合もあるし，また，個人情報も多く含まれているので取り扱いに注意しておきたい．住宅地図は冊子やオンラインで入手可能である．

最近ではさまざまなオンラインマップが利用できるようになった．Google Earth や Google Map は，アカウントを持つユーザー同士でフィールドワークの発見を簡単に共有することができて便利である．また，「OpenStreetMap」は，「地図版ウィキペディア」とも呼ばれる参加型で作成された地図として（もちろん日本を含む）世界中で展開され，誰もが自由に利用することができ，ある程度の加工も可能である．さらに，国土交通省が整備を進める「PLATEAU」は，オープンデータの 3D 都市モデルで，都市空間を立体的に表現できるだけでなくシュミレーションも可能であり，同ウェブサイトにはさまざまな活用事例が紹介されている．

GIS（Geographic Information System，地理情報システム）ソフトウエアでベースマップを作成することもできる．最もよく知られている ArcGIS の他にも，最近では QGIS などの無料で使うことのできるものもあるし，後述するような都市計画基礎調査結果などのオープンデータ化も進んでいる．ベースマップ作成には，国土地理院の「基盤地図情報ダウンロードサービス」で公開されている「基盤地図情報」には道路縁や建築物の外周線などの 10 項目が含まれ，これらを 2,500 分の 1（都市計画区域内）や 25,000 分の 1（都市計画区域外）で利用できる．

図 10.1　文京区白山 5 丁目付近の「ノリの地図」（東洋大学国際地域学科 2023 年度プロジェクトゼミナール III 学生成果物より抜粋）

　ベースマップを準備したら，主要な建物や施設，鉄道，道路，河川などを着色して地区の大まかな空間構成をまずは掴んでおきたい．また，「ジャンバチスタ・ノリの地図」のように，建物（図）を黒く道路や空地などの外部空間（地）を白く塗った地図と，その色を入れ替えて「図」と「地」を反転させた地図を作成すると，地区に対する新たな発見があるかもしれない．例えば，図 10.1 は白山 5 丁目付近の東洋大生の通学路で作成したノリの地図である．学生は建物が建て込んでいると日常的に感じてはいたが，色を反転させた地図から地区には思ったよりも外部空間があることに気づいていた．

10.2　地区の現在を知る

　まずフィールドワークへの準備として，国や都道府県，市町村による対象地区に関する各種調査に基づく統計データや計画などから情報を収集して，ベースマップに落とし込んだりして地区の現在の姿を捉えておく．

10.2.1　空間と社会を知る

　都市部におけるフィールドワークにおいて対象地区の姿を知るためには，都市計画区域でおおむね 5 年ごとに実施され，都市計画の見直しなどに活用される「都市計画基礎調査」が総合的かつ定期的に更新されており役に立つ．同調査の標準的内容には，建物利用現況や土地利用現況，都市施設，景観・歴史資源といった物理的空間のみならず，人口，就業者数・従業者数，事業所数や地価など社会経済的状況に関するデータや情報も含まれる（表 10.1）．調査結果は都道府県や市

表 10.1 都市計画基礎調査の標準的内容（出典：国土交通省（2023）より作成）

分類	データ項目
人口	人口規模，DID[*1]，将来人口，人口増減，通勤・通学移動，昼間人口
産業	産業・職業別就業者数，事業所数・従業者数・売上金額
土地利用	区域区分の状況，土地利用現況，国公有地の状況，宅地開発状況，農地転用状況，林地転用状況，新築動向，条例・協定，農林漁業関係施策適用状況
建物	建物利用現況，大規模小売店舗等の立地状況，住宅の所有関係別・建て方別世帯数
都市施設	都市施設の位置・内容等，道路の状況
交通	主要な幹線の断面交通量・混雑度・旅行速度，自動車流動量，鉄道・路面電車等の状況，バスの状況
地価	地価の状況
自然的環境等	地形・水系・地質条件，気象状況，緑の状況，動植物調査
災害	災害の発生状況，防災施設の位置及び整備の状況
その他（景観・歴史資源等）	環境の状況，景観・歴史資源等の状況，レクリエーション施設の状況，公害の発生状況

[*1] DID: Densely Inhabited District（人口集中地区）．国勢調査の結果に基づいて，市区町村の区域内で人口密度が高い（4,000 人/km² 以上の国勢調査基本単位区が隣接し，かつ，隣接した地区の人口が 5,000 人以上）などの要件によって定められる都市的地域．

町村のウェブサイトや冊子媒体としてまとめられていたり，最近では GIS データとしての公開も進められている（それだけに GIS ソフトを使いこなしたい）．

　また，5 年に 1 度全国的に実施される国勢調査では，人口と世帯数のみならず，住居や産業・就業などに関するさまざまな調査結果が政府統計の総合窓口 e-Stat などで公表される（表 10.2）．例えば，住居に関するところでは，持ち家・借家などの住宅所有関係，一戸建て，共同住宅や階数等の住宅の建て方などがある．地区の姿をとらえるにあたり，「小地域集計」と呼ばれる区分での集計結果は町丁・字等を単位として公表され，市区町村を単位としたデータが多いなかで貴重な地区単位のデータである．また，人口・世帯数のデータには，国勢調査以外にも住民基本台帳をベースとしたものがあり，各市町村のウェブサイトや広報誌などで月別・町丁目別・男女別の人口と世帯数が発表されている．

　この他にも全国的に実施されている調査として，建物に関するものでは「住宅・土地統計調査」（総務省，5 年ごと），「建築着工統計調査」（国土交通省，毎月），また，地価については「地価公示」（国土交通省，毎年），「都道府県地価調査」（都道府県，毎年）や国税庁による「相続税路線価」もよく用いられる．生活に関するものでは「国民生活基礎調査」（厚生労働省，毎年）や「労働力調査」（総務省，毎月），事業所や企業，商業活動については「経済センサス」（総務省，5 年ごと）や「経済構造実態調査」（経済産業省，毎年）などがある．交通に関する大規模

表 10.2 令和 2 年国勢調査の公表予定データ（総務省ウェブサイトより作成）

集計区分	集計内容	集計単位
速報集計		
人口速報集計	男女別人口および世帯数の早期提供	全国，都道府県，市区町村
基本集計		
人口等基本集計	人口，世帯，住居に関する結果および外国人，高齢者世帯，母子・父子世帯，親子の同居などに関する結果	
就業状態等基本集計	人口の労働力状態，夫婦，子供のいる世帯などの産業・職業大分類別構成に関する結果[*1][*2]	全国，都道府県，市区町村
抽出詳細集計	就業者の産業・職業小分類別構成などに関する詳細な結果[*1][*2]	全国，都道府県，市区町村
従業地・通学地集計		
従業地・通学地による人口・就業状態等集計	従業地・通学地による人口の基本的構成および就業者の産業・職業大分類別構成に関する結果[*1][*2]	全国，都道府県，市区町村
人口移動集計		
移動人口の男女・年齢等集計	人口の転出入状況に関する結果	全国，都道府県，市区町村
移動人口の就業状態等集計	移動人口の労働力状態，産業・職業大分類別構成に関する結果[*1][*2]	
小地域集計		
人口等基本集計に関する集計	人口，世帯，住居に関する基本的な事項の結果	
就業状態等基本集計に関する集計	人口の労働力状態および就業者の産業・職業第分類別構成に関する基本的な事項の結果[*1][*2]	町丁・字など，基本単位区，地域メッシュ
従業地・通学地による人口・就業状態等集計	常住地による従業地・通学地に関する基本的な事項の結果	
移動人口の男女・年齢等集計に関する集計	5 年前の常住地に関する基本的な事項の結果	

[*1] 日本標準産業分類に基づく統計結果を示すための分類．2023 年 6 月に改定されたものでは，大分類により A（農業，林業），B（漁業），C（鉱業，採石業，砂利採取業），D（建設業），E（製造業）から T（分類不能の産業）まで 20 項目に分類され，それぞれの項目は中分類・小分類に細分類されている．

[*2] 日本標準職業分類に基づく統計結果を示すための分類．2009 年 12 月に改定されたものでは，大分類により A（管理的職業従事者），B（専門的・技術的職業従事者），C（事務従事者），D（販売従事者），E（サービス職業従事者）から L（分類不能の職業）まで 12 項目に分類され，それぞれの項目は中分類・小分類に細分類されている．

な調査には「全国道路・街路交通情勢調査」（国土交通省，5 年ごと）のほか，首都圏・近畿圏・中部圏であれば「大都市交通センサス」も実施されている．こうした全国的な調査に加えて，都道府県や市町村も独自の調査を実施している．また，都道府県や市町村は要覧，統計年鑑などの形で統計データを公表している．いずれの調査結果もインターネット上で公開されているものが多いが，地区くら

いの細かい単位での結果は公開されていない場合もあるので発行元の自治体に問い合わせたい.

10.2.2 都市計画を知る

都市計画というと技術的な話のように思うかもしれないが, 例えば, 日本の人口の9割以上は都市計画区域に住むなど, 私たちの暮らしと都市計画の関わりは深い. まず, フィールドワークでは, 対象地区や自治体の都市計画情報は必ず予習しておきたい.

まず, 市町村マスタープラン（正式には「市町村の都市計画に関する基本的な方針」）には目を通しておきたい. マスタープランには, 当該市町村の都市計画の方針として, 人口予測をはじめとする現状分析, 市町村全体の将来構想と土地利用, 交通, 住宅, 水と緑, 景観, 防災などの部門別構想, 市町村をいくつかの地域に分けた地域別構想, そして, 計画の推進方策などが文書と図面で示されている. このマスタープランからは, 当該市町村がどのような方向に向かおうとしているのかをつかむことができ, また, 現状分析編では当該市町村の抱える課題などが整理される. フィールドワークの対象地区についての地域別構想では地区の現状や将来を詳しく知ることができる. 市町村マスタープランは, ほとんどの場合, 各自治体のウェブサイトに掲載されているが, 冊子を購入することもできる.

また, 市町村マスタープランに示された内容を実現すべく定められた, 区域区分や地域地区などの土地利用規制, 道路や公園・緑地などの都市施設, 土地区画整理事業や市街地再開発事業などの都市計画事業, 地区計画などの詳しい都市計画情報は都市計画図に示されている. 都市計画図は自治体で紙媒体でも販売されているし, 最近では自治体のウェブサイトでの公開も進んでいる. ウェブ上の都市計画図では特定の地点について上記のような都市計画情報を表示できることもある. 市町村によっては「都市計画要覧」のような形で整理されている場合もあるし, これらの多くは国土交通省「国土数値情報ダウンロードサイト」でオープンデータ化されている. また, 都市計画事業についてはそれぞれに事業誌がまとめられていたり, 専門誌に掲載されていることもあり, 行政文書などには示されていない事業の背景や意図などを理解することもできる. こうした都市計画情報のなかでも, 特に地区の空間構成を大きく変える／変えてきた道路や公園・緑地などのインフラ整備, 土地区画整理事業や市街地再開発事業, 都市再生事業など

の事業の予定／履歴は丁寧に把握してベースマップに落とし込んでおきたい．

さらに，都市計画に関連した諸計画にも目を通しておきたい．地方自治法に基づく総合計画やまち・ひと・しごと創生法に基づく総合戦略には，都市計画を含む当該自治体の現状と課題が広範に示されている．この他にも，フィールドワークの目的に沿って，交通，住宅，水と緑，景観，防災などの分野別計画もまた参照しておきたい．

10.3　地区の来歴を知る

フィールドワークで訪れる地区はどのように形成されてきたか，地区の来歴を知るために歴史的資料をひも解いておきたい．

都市計画やまちづくり，地域づくりにおいて最も基本となる歴史的資料は市町村によって刊行されている「市町村史」であろう．多くの市町村史は，古代から現代までの年代記的な内容と自然，行政，産業，教育，文化などの分野別の内容とで構成されており，数冊から十数冊におよぶこともある．この市町村史は，当該市町村全体について書かれているから，フィールドワーク対象地に関する記述を抜き出したり，市町村合併が行われている場合には合併前の市町村が刊行したものにもあたって情報を拾っておくことになる．また，市町村史刊行以降の情報は広報誌や市町村のウェブサイトでフォローする．広報誌には毎年のお祭りやイベントをはじめとする細やかな情報が掲載されている．

市町村史や広報誌などから得られた情報は年表などの形で整理しておくとよい．最近まちづくりや地域づくりなどの現場では，地域と人の営みをカレンダーで表現した「フェノロジーカレンダー」（生活季節暦）も注目されており，情報整理方法としても面白い．フェノロジーカレンダーは，地域のお祭りやイベントのみならず，気象条件や自然，動植物，景色などのテーマについて時季ごとにまとめたもので，カレンダーを暦を追って読むと各テーマについての四季の移ろいを知ることができるし，テーマ横断的に読むと各季節の地域の姿を捉えることができる（図10.2）．

また，対象地区の形成過程を空間的に把握するには古地図や絵図にあたる．江戸時代であれば，東京の中心部では「江戸切絵図」，街道沿いの宿場町では街道沿いの様子を記録した街道絵図もある．なお，古地図や絵図は国会図書館や都道

10.3 地区の来歴を知る

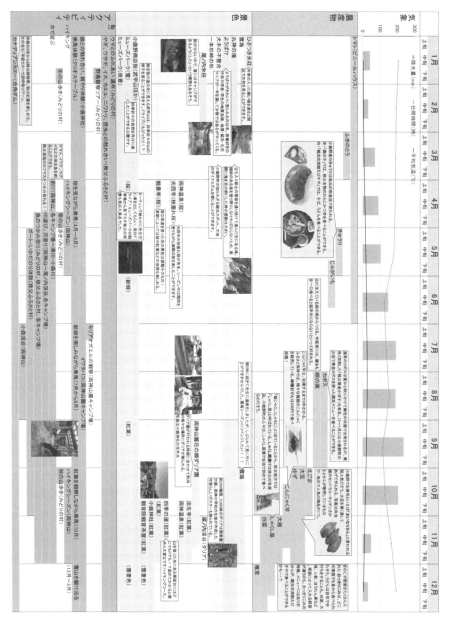

図 10.2 フェノロジーカレンダーの例

カレンダーを暦を追って横に読むと農産物や景色，催事などの四季の移ろいが，テーマ横断的に縦に読むと各季節の地域の姿を捉えることができる。（東洋大学「地域づくりプラスプログラム」2022 年度小鹿野研修学生成果物より抜粋）

図10.3 「東都駒込邊絵図」(1854（嘉永7）年)をベースマップに重ねた例（文京区白山5丁目付近）（出典：東洋大学国際地域学科2023年度プロジェクトゼミナールIII学生成果物より抜粋）

府県・市町村の図書館などが所蔵していることが多いが，地域によっては絵図集が発行されていたり，市町村史に掲載されているものもある．最近では，インターネット上での公開も進んでいる．ただし，こうした古地図や絵図は重要なところがデフォルメされており，必ずしも地理的に正確ではない場合もあるため，ベースマップに落とし込むのもよい（図10.3）．古地図や絵図をベースマップと見比べながら議論するのも楽しい．また，古地図と現在の地図とを重ね合わせることができるサイトや携帯アプリもある．フィールドワークでも活用したい．

　近代的な測量に基づく地図作成が始まった明治以降については正確な地形図を利用することができる．大正末期までに本州・四国・九州・北海道の全域で5万分の1の地形図が整備されており，戦後は国土地理院によってさまざまな縮尺の地形図が作製されている．また，建物一棟一棟の詳細をおさえるならば，明治末から戦後しばらくまで全国の都市について発行され，主に商店や会社の案内を目的とした「商工地図」や「大日本職業別明細図」，火災保険の保険料の算定を目的として作製された「火災保険特殊地図（火保図）」などがある．昭和30年から40年代に入ると前述のゼンリン住宅地図が利用できるようになる．

　この他にも活用できそうな歴史的資料には，江戸時代ならば「江戸名所図会」や「都名所図会」など各地域の名所を絵と文章で紹介した名所図会，安藤広重の「東海道五拾三次」や葛飾北斎の「富嶽三十六景」などの浮世絵，明治以降では

旅行案内や絵葉書，古写真なども役に立つ．

10.4 フィールドワークに出かけよう

　準備したベースマップと収集・整理した情報を手に現場に出かけよう．フィールドワークでは，目的意識を持って現場を歩き，事前準備では入手できなかったような情報，例えば，地区単位での統計データがなかったり，地形図や住宅地図などには描き込まれていないような微地形など，についての情報も積極的に把握して地図に落とす．ヒアリング調査やアンケート調査などを実施したり，郷土資料を探して図書館も訪ねたい．プライバシーに配慮しながら，写真や動画も積極的に活用したい．その意味では，フィールドワークの目的に応じた適切な調査方法を検討し，グループで行う場合には入念に情報共有しておく．なお，本章では十分に言及できなかった，さらに詳しい調査・分析の方法については，本書の他の章や巻末の参考書籍リストを参照したり，都市計画・まちづくり・地域づくりについては，例えば，西村・野澤編（2010），日本建築学会編（2012）など，ケビン・リンチ「都市のイメージ」やロバート・ヴェンチューリ「ラスベガス」などの名著，近刊ではヤン・ゲールら「パブリック学入門」などからも方法を学びたい．赤瀬川原平「超芸術トマソン」も面白い．

　最後に，フィールドワークで最も大切なことは五感を働かせること．地図や資料ではわからなかった発見があるし，現場感をみがくことにもつながる．入念に準備され，五感を研ぎ澄ませて実施したフィールドサーベイから得られた情報は，都市計画・まちづくり・地域づくりの新たなアプローチへと繋がることは間違いない．皆さんも積極的にフィールドワークに出かけてほしい．

参 考 文 献

国土交通省（2023）：都市計画基礎調査実施要領（第5版）
国土交通省：PLATEAU，https://www.mlit.go.jp/plateau/
国土交通省：国土数値情報ダウンロードサイト，https://nlftp.mlit.go.jp/
国土地理院：地理院地図（電子国土Web），https://maps.gsi.go.jp/
総務省統計局：https://www.stat.go.jp/
西村幸夫，野澤康編（2010）：まちの見方・調べ方――地域づくりのための調査法入門――，朝倉書店
日本建築学会編（2012）：建築・都市計画のための調査・分析方法（改訂版），井上書院

IV. まちづくり計画のためのフィールドワーク

11 交通とまちづくりのフィールドワーク

岡村敏之

はじめに

　「『交通』に関するフィールドワーク」と言われてどんなものを想像するだろうか？　都市内でどんなタイプの自動車が走行しているかを知ることだろうか？　ある地域にどんな鉄道路線があってどんなダイヤでどんな車両が運行されているかを知ることだろうか？　これらは「交通」に関するフィールドワークの事例として，かなり不十分かつ不明確で，調査とよべるだけの水準にはない．交通に関する調査およびフィールドワークで特に留意すべきことは何だろうか．

　第一に，まちづくりにおける「交通」の対象についてである．地域や都市の観点からの「交通」とは，自動車や鉄道車両といった「乗り物」それ自体ではなく，徒歩も含めたさまざまな交通手段による「移動」が対象である．その「移動」の単位を，人や物としてとらえる場合もあれば，それらを輸送する自動車や自転車，鉄道などの車両としてとらえる場合もある．加えて，人や車両などの移動に必要な道路をはじめとする「交通空間」や，移動や交通空間にかかわるステークホルダーとして，鉄道やバス・タクシーなどの「交通事業者」（移動手段の供給者）や交通空間の管理者（例：行政の道路部門や交通警察）も対象となる．

　第二に，交通とまちづくりに関して行われる調査の目的についてである．これらの調査の多くは，地域の交通（移動）が抱える課題解決のための都市計画や交通計画（マクロなレベル）から個別のプロジェクト（よりミクロなレベル）の立案や評価を最終的な目標として行われる．したがって，対象とする課題を明確にしたうえで，その解決に資する知見を得るために必要な調査の目的と，収集するべきデータの「解像度」（対象の空間的範囲の大きさ，データの精密さおよび正確さ）を明確に設定することが不可欠である．雑にとったデータが分析に値しない質の悪いものであることは明らかだが，データの細かさと正確さやデータの取得範囲の拡大を追求すること自体が目的となってしまうのも極めて非効率であ

る．目標や目的などの「ゴール」を最初に設定することが，交通に限らず「計画」
や「政策」に関する調査では必須である．

　第三に，特にモノではなく人の場合での「移動」の捉え方である．人が移動す
るとき，各自が必ず何らかの意思決定をしている．「人の移動を知る」ためには，
移動の内容にとどまらず，その移動の意思決定の内容にさかのぼって知る必要が
ある場合がある．さらに，そもそも「移動」とは移動先での活動（仕事，娯楽，
勉強など）を目的に生じるもので，移動すること自体には目的がない．移動のみ
に着目するだけでなく，目的地での活動と関連づけた調査（質問）をすることで
はじめて，その被験者の意思決定の内容に迫ることができる．

　第四に，交通に関してフィールドに出て行うべき調査の意義である．実は，交
通計画のための調査手法には多くの学術的，技術的，実務的な蓄積があり，それ
と分析手法とが一体となって一つの理論体系を構成している．しかし，その理論
を適用するためにどんなデータを収集することが適切かは，統計解析等の分析手
法の理解に加えて，上述した「課題の明確化」や「調査の目的やデータの解像度
の明確化」をしたとしても，理論的に自ずと導かれるわけではない．対象とする
地域や人に向き合い，移動の内容や質への深い理解が必要となり，それがまさに
交通の調査に「フィールドワーク」が必要な理由である．

　本節では，まず一般的な交通計画のための調査手法の基礎を概説したうえで，
交通行動のリアリティに迫るためにフィールドにおいて行うべき調査の事例を，
対象とする交通課題と明らかにすべき調査の目標と関連させながら紹介する．

11.1　交通計画のための調査手法の基礎

11.1.1　データの種類

調査の目的に合致したデータは何か，がポイントである．交通計画では量的デー
タの役割が大きいので，データの種類について基礎的な解説をしておこう．

（1）　集計データと非集計データ

　例えば，ある大学の学生の通学状況のデータを考える．集計データとは，「自
転車での通学者数」「通学所要時間が1時間以上の学生数」「○○市からの通学者
数」など，いろいろな集計がなされたデータのリストである．いっぽう非集計デー
タとは，同じく各学生に通学状況を尋ねたアンケート調査データの例では，各学

生についての「通学手段」「通学所要時間」「居住地」などの設問の回答データの
リストである．非集計データのほうが圧倒的に情報量は多く，さまざまな目的に
活用できる．集計データは，既存の統計データが活用できる場合や，概要を把握
したい場合には有効である．

(2)　時系列データとクロスセクションデータ

時系列データとは，ある統計量に対して経時的な変化を記録したデータであり，
クロスセクションデータとは，空間的に異なる複数の地点における同時点でのある
る統計量を記録したデータである．例えば，交差点での自動車の「1 時間あたり
の通過交通量」という統計量に対して，それをある地点で 3 日間（すなわち計
72 時点）記録したものが時系列データであり，同時点での市内の主要 15 交差点
について記録したものはクロスセクションデータである．これらを組み合わせれ
ば，空間的な広がりに対して経時的な状況を把握できる．自ら調査を設計して計
測を行う場合には，分析の目的に照らし合わせて，時系列データでは計測時間間
隔をどう設定するか，クロスセクションデータではどの地点を（そしてどのくら
いの数の地点を）調査対象に選定するか，が重要となる．

(3)　静的データと動的データ

静的データとは，ある瞬間での状態，またはある一定期間内での状態の集計値
または平均値である．路上駐車であれば，ある道路区間上でのある時点または一
定期間内の駐車台数がその例である．動的データとは，個々の移動主体（人や車
両）の時々刻々の動きをデータ化したものである．同じく路上駐車であれば，個々
の駐車車両について到着時刻と出発時刻，駐車位置を記録したものである．両者
ともに「時系列データ」であるが情報量が多いのは後者である．また前者が「集
計データ」，後者が「非集計データ」に相当する．

上述の通り，人々の移動は個人の意思決定に基づくものである．したがってよ
り詳細に行動を分析する場合には，個人単位でのデータ（すなわち「非集計デー
タ」）や動的データの役割が重要であることがわかるだろう．

11.1.2　人の行動および利用意向に関する調査項目

ここでの対象は主として個人を単位とした「非集計データ」である．

交通計画の主要な関心は「将来の交通需要の予測」である．東京都市圏の 10
年後の鉄道利用者数の予測，といった規模が大きくマクロなものもあれば，ある

住宅地内での高齢者の買い物支援のための移動手段の利用者数予測，といったミクロなものもある．これらの交通計画に関する調査では，人々の移動の量的把握と，交通サービスへの人々の評価や利用意向の把握が重要な項目となる．

調査項目としては，量的なアンケート調査では以下のように設定できる．

1) 被験者属性
　　例：被験者の年齢，性別，居住地，自動車免許保有有無など．
2) 現状の移動（「行動」）
　　調査の目的に応じて，以下の2つのどちらか，または組み合わせとなる．
　　・ある期間内での実際の行動を尋ねる（個人の動的データを知るために有効）
　　　　例：各移動の移動目的／出発地・時刻／到着地・時刻／移動手段　など
　　・普段の行動を尋ねる（個人の習慣を知るために有効）
　　　　例：各交通手段の利用頻度（例えば一か月あたり），ある場所への移動頻度
　　　　　（同），各移動目的別の移動頻度（同）など
3) 現状の交通サービス等に対する「認知」
　　例：対象とする交通サービスの「認知度」「認識」等
4) 現状の交通サービス等に対する「主観的評価」や「選好」
　　例：対象とする移動手段の「快適性」「経済性」「信頼性」等への評価
　　　　同じく「満足度」や本人にとっての「重要度」等
　　　　同じく「利用意向」（これを「選好（preference）」という）
5) 新しい（または仮想的な）交通サービス等に対する「利用意向（選好）」
　　例：「利用してみたいか否か」，またその理由等
6) 調査目的に依っては，交通以外に関する上記2)〜5)の設問

　これらの設問の実際の設計にあたっては，基本的には交通計画に関する既存の調査手法体系に基づいて行うことが望ましい．またそれらの多くの場合は，統計的な手法に基づいた量的調査となることから，統計分析の基礎を踏まえる必要がある．そのうえで，設定した交通課題の内容や地域特性，調査目的をもとに設問の詳細な検討や，対象被験者や調査実施場所の設定を行うこととなる．

11.1.3　人の行動や車両の挙動に関する観測調査

「交通量調査」と言われるものがその代表例である．これにはさまざまな方法

があり，最新の計測機器を使用するものや，動画撮影による記録に基づくものなどがあり，目視による数え上げや記録もいまだに有効な方法である．本稿としては，観測方法それ自体よりも，設定した目的に即した観測対象および観測場所の設定と，上述の「時系列データ」か「クロスセクションデータ」か，「静的データ」か「動的データ」かの選定の重要性を指摘しておきたい．

11.2　プノンペン（カンボジア）における市内バスの利用意向調査の例

11.2.1　調査地の概要と調査の目的

　プノンペンでは，バイクの保有と利用が大きく増加している．自動車も含めた私的交通手段の増加により，交通混雑と交通環境の悪化が懸念される．同市では，公共交通（バス）サービスがバス公社により 2014 年に開始され，コロナ禍直前の 2020 年時点では 235 台の車両により 13 ルートで運行されている．市民の利便性の向上と私的交通手段の抑制への貢献が期待されているが，バスの利用状況は必ずしも良好ではなく，バイクからの転換も限定的とされている．

　本調査では，バスそのもののサービス水準だけでなく，バスを利用する際に必ず伴う「バス停から（バス停まで）の徒歩移動」に着目した．一般に途上国の都市では道路の歩行環境に問題がある場合が多く，特に私的交通手段を使える人は徒歩を敬遠しがちである．そこで，主に「公共交通利用意向」と，「歩行環境への意識」「徒歩に対する選好」との間の関係を明らかにするために，複数地区の住民を対象に世帯訪問による構造的アンケート調査を行った（2022 年）．途上国都市での歩行環境改善の効果を明らかにできれば，歩行環境改善プロジェクトの促進にもつながり，途上国の都市交通整備に貢献しうる．以下では特に，対象地区の選定とアンケート調査の設計に際して，より「リアリティ」に迫り，より信頼性の高いデータを得るための検討内容を中心に述べていこう．

　なお最終的には，3 地区計 306 名の有効サンプルを収集した．調査は Google Form で行い，調査員が世帯訪問をして，被験者に Google Form での回答入力をその場で行ってもらうか，調査員が被験者に口頭で質問をして調査員が Form に入力を行った．各地区での対象世帯は，地区内で設定した街区内で 3 世帯に 1 世帯をあらかじめピックアップし，ランダムに近いサンプリングを行った．

11.2.2 調査実施場所の選定のための予備的検討

この調査の実施上の最大の制約は，調査実施時点（2022 年 4 月）ではコロナ禍によりバスが運行休止中でバス利用状況の調査が不可能だったことである．現地でのさまざまな予備的な聞き取りの結果から，「実際のバス利用状況」（行動）のデータを取得しなくても，「過去（数年前）のバス利用経験」（習慣）を基本とした設問により分析が可能との結論に至った．その理由は主に次の 3 点である：

① プノンペンでのバスの日常的利用者は少数で，バスの実際の利用頻度との関係を明らかにしようにも，バス利用者のサンプルが僅少となると想定された．

② ただしバスの導入は大きなインパクトで，バスそのものの認知度は高く，またバスの利用経験者や少頻度利用者は少なくないことがわかった．そうであれば，利用経験を尋ねたり，仮想的なバスサービスの利用意向を尋ねたりすることは有効と判断した．

③ ルートごとに運行頻度に多寡があることから，バス利用者またはバス利用経験者が相対的に多い地区を選ぶ必要があると判断した．

加えて，徒歩の利用環境や徒歩での移動頻度等も尋ねる必要があった．この調査では，バスの利用も含め，過去および現在の習慣を尋ねる設問に加えて，仮想的な状況下での設問が重要である．その場合，「仮想的な状況」をどの被験者にとってもほぼ同じ条件で設問を設定できることが重要である（異なる，または不明確な条件の下での利用意向を尋ねても，その回答を異なる被験者間で比較はできない）．そのため，居住地内の徒歩条件がほぼ同一とみなせる「地区レベル」で調査を実施することが妥当と判断した．

結果として，バスの運行頻度が比較的高く，またバス利用率が比較的高い都心から約 10km 離れた地区（都心までの所要時間もほぼ同じ）で，地区内の歩行環境が異なる 3 地区を選定した．

11.2.3 アンケート調査の設問設計のための予備的検討

以下では，設定した設問のうち，現地での予備的検討を経て最終的な設問を決定したものの例を示す．なお，問の番号は本書に合わせて改番している．

（1） 行動に関する設問

ここでは，「住んでいる地区内での移動」と「地区から都心までの移動」とに

分け，さらにそれぞれ，通勤目的とそれ以外の目的の移動について，週あたりの
移動頻度と，あらかじめ設定した複数の交通手段に対してそれぞれの利用頻度を
尋ねた．ここでもし「ふだん利用する交通手段」のみを問う設問としたら，プノ
ンペンの場合かなりの割合の人が「バイク」と回答すると想定される．しかし，
上記のような設問にすれば，比較的利用頻度の低い交通手段のデータ（例えばバ
イクとバスとの使い分けの状況）も収集できる利点がある．11.2.2 項で記したと
おり，対象地区の条件はほぼ同じに設定したので，上記の回答の差異は基本的に
は個人間での差異に起因すると考えてよい．これで，行き先別の移動頻度や利用
交通手段の使い分け状況までわかることになる．

(2) 「地区の歩行環境」に関する設問

「地区の歩行環境」については，以下の5問を設定し，[1. 全くそう思わない，
から5. 強くそう思う]までの5段階で回答してもらった（表11.1）．対象地区
内での歩行環境はほぼ同一となるよう設定したので，この設問の意図は，ほぼ同
一の歩行環境に対して被験者がもつ主観的評価を知ることに限定できる．

(3) 仮想的なバスサービスに対する利用意向についての設問

新しいサービスや，現状サービスが改善される場合などの「仮想的なサービス」
について利用意向を尋ねるのは難易度が高い．被験者にはそのサービスの利用経
験がないのでその説明を要する．その際，すべての被験者が同じ内容のサービス
を想定できるように，注意深い条件設定と文章の記述が必要となる．

11.2.2 項で記したように，対象地区の条件はほぼ同じに設定したので，それは
最大限活用する．加えて，現状でのバス利用者が少ないことを考慮すると，歩行
関連の要因とバス利用意向との関係を分析するには，バス利用意向についてばら
つきのある回答を得られる設問（すなわち，「利用したい」から「利用したくない」

表 11.1 「地区の歩行環境」に関する設問の例

問1. お住まいの地区の歩行環境に関する以下の設問について，それぞれあなたの考えに最もあてはまるものに1つ〇をつけてください．	
1-1	歩くための道は清潔である	それぞれ [1. 全くそう思わない　2. あまりそう思わない 　3. どちらでもない　4. ややそう思う　5. 強くそう思う] のうち一つに〇をつける．
1-2	歩くための道はよく整備されている （舗装の状態，平坦さ）	
1-3	歩くための空間の幅は十分である	
1-4	道路を横断するのは安全である	
1-5	地区内を歩くのは犯罪から安全である	

表11.2 仮想的なバスサービスに対する利用意向についての設問

問2.	お住まいの地区を通るバスが以下のように改善されたり，交通状況が変化したりした場合，あなたの家族にバスの利用を薦めようと思いますか？　それぞれあなたの考えに最もあてはまるものに1つ○をつけてください.	
2-1	現状よりもバスの待ち時間が短くなる場合	
2-2	歩いて5分から10分程度の距離の区間のバス運賃が安くなる場合	それぞれ [1. 全くそう思わない　2. あまりそう思わない
2-3	地区内バス停までの道が歩きやすくなる場合	3. どちらでもない　4. ややそう思う　5. 強くそう思う] のうち一つに○をつける.
2-4	都心の駐車料金（バイク，車）が今の2倍となる場合	

までの回答がおおむねまんべんなくある）を注意深く設定する必要がある.

検討の結果，利用意向は，「本人が利用したいか」ではなく「家族に利用を薦めたいか」という設問とした（表11.2）．前者の場合，仮に本人が良いサービスと感じても本人の制約条件で利用できない(本人の通勤先がバス路線沿線にない)場合があるからである．後者は，近しい人（この場合は家族）への推薦の有無は，本人のサービス評価と直結する行動なので，回答の信頼性も高い．そのうえで，下記のような仮想的状況を設定した設問とした．この調査では居住条件とバスの条件が全被験者でほぼ同じのため，現状より短くなる，安くなる，というシンプルな表現でも被験者が想定する状況をほぼ同じにできる．特に途上国の場合，複雑な設問への回答は期待できないので，これはとても有効である.

11.3　フィジーにおける都市内駐車マネジメントに関する調査の例

11.3.1　調査地の概要と調査の目的

多くの途上国の中心市街地では，路外駐車場や路上駐車管理の不備により，道路交通の錯そうだけでなく，危険で貧弱な歩行者空間などの負の影響が都市活動にも及んでいる．これらの課題に対処するため，関連する様々なステークホルダーを包含した駐車マネジメント施策が求められている.

フィジー国の第2の都市ラウトカ市は人口約52000人の中小都市である．中心市街地は，旧式ではあるが路上パーキングメーターの設置，比較的良好な歩行者空間の存在がある一方で，中心市街地への自動車流入が増加しつつあり，駐車空間不足も進行しつつある．本調査（2018年）では，市街地来訪者への駐車に対

する認識および意向調査を行い，あわせて中心市街地の路上駐車の状況を調査し，新たな駐車施策の検討とその効果を明らかにすることを目的とした．

11.3.2 アンケート調査の設問設計のための予備的検討

ここでのアンケート調査も前項（プノンペン）と同じく非集計データ収集のための調査であり，調査項目も，「行動」「（駐車に対する）意識」「（新たな駐車施策に対する）意向」であり前項の調査と類似している．

異なる点の一つ目は調査対象者である．ここでは，対象は中心市街地での駐車行動なので，被験者は市街地側で集めるのが望ましい．前項の調査は「出発地ベース」で，本調査は「到着地ベース」ということになる．本調査では，複数の事業所（官民）に協力を依頼し，それらへの通勤者を被験者として事業所内で募った．ランダムサンプリングにはならないが，同一の到着地に対してさまざまな通勤条件のサンプルを収集できるので，極めて効率的な調査方法である．

もう一つは関連するステークホルダーである．駐車に関する行政は国によって大きく異なり，ローカルな法規制が存在する．行政のどの部署が何を所管しているかをまず把握しておかなければならない．そのうえで，現状を把握するためには，それらの複数の行政当局への事前の聞き取り調査（エキスパート・インタビュー）が欠かせない．ラウトカ市では，路上のパーキングメーターの管理者は市役所の特定部署，道路管理者は市の別の部署，駐車場は都市計画行政で，それぞれ別の部署となる．

表11.3　駐車行動への意識に関する設問の例（抜粋）

問　ふだん自動車で市の中心に行く際の駐車に関してお尋ねします．以下のそれぞれの問についてあなたの考えに最もあてはまるものに1つ○をつけてください（抜粋）．	
1.　通勤の場合，もし近くに無料の駐車スペースが空いておらず，徒歩5分離れた場所に無料のスペースにあればそこに駐車する．	
2.　通勤の場合，もし近くに無料の駐車スペースが空いておらず，徒歩10分離れた場所に無料のスペースにあればそこに駐車する．	それぞれ [1. 全くそう思わない　2. あまりそう思わない 　3. どちらでもない　4. ややそう思う　5. 強くそう思う] のうち一つに○をつける．
3.　買物の場合，もし近くに無料の駐車スペースが空いておらず，徒歩5分離れた場所に無料のスペースにあればそこに駐車する．	

表 11.3 は，駐車行動への意識に関する設問の抜粋である．ここでは駐車する場所の選好として，目的地と駐車場所との許容できる徒歩距離を尋ねている．

中心部の路上駐車（一部無料）は，朝から長時間占有する車両も含めほぼ満車で，その場合，短時間の来訪者（買い物客など）は別の場所に駐車する．一方，中心部から 500m から 1km 離れれば駐車場に活用できる空間がある．これらの設問をもとにした分析で，中心部の外縁への駐車の誘導の可能性を検討できる．この例では，仮想的な条件としての徒歩時間や駐車目的をどう設定するかがカギである．被験者が許容できる質問数は限られるため，予備的な質問調査を行って，回答者にとってリアリティのある設定を厳選しなければならない．

他にも，さまざまな条件下での駐車に対する「支払い意思額」を尋ねたが，この種の調査は，設問の設定や分析手法がやや技術的なので説明は割愛する．

11.3.3　駐車車両の観測調査：動的データの収集例

路上駐車の実態としてはどんなデータを収集すればよいだろうか？　聞き取り調査と現地観察から見えてきたラウトカ市街での路上駐車の課題は，少数の車両が長時間占有をして，短時間の路上駐車のニーズにこたえられていないことである．前者は通勤の車であり，市街地外縁へ駐車の誘導や，公共交通への転換の可能性がある．一方で後者の主たるニーズは比較的短時間での買い物や町中での所用で，都市での様々な社会経済活動として重要なものである．

上記の「課題」をふまえると，各駐車車両の駐車時間と駐車場所を知ることが重要といえる．静的なデータ，すなわちある一定時隔で駐車車両をカウントするだけではそれは観測できない．時系列かつクロスセクションの動的なデータ，すなわち個々の駐車車両について到着時刻と出発時刻，駐車位置を市中心部の複数の街区で収集する必要がある．ラウトカでは，パーキングメーターが旧式で時刻が記録されないので，自らで上記の観測調査を行った．

おわりに

「フィールドワーク」として交通調査をとらえると，調査の成功のカギは，

① 現状の地域の交通や移動に関する適切な理解に基づいて，対象とする交通課題を適切に設定すること

② 設定した交通課題に対して，適切な調査項目の設定や個々の質問の設計を

行うこと

③ 適切な被験者や調査対象地を選定すること

である．そのために，本格的な調査を行う前の予備段階の調査として，被験者への非構造的インタビュー，専門家や行政担当者への聞き取り調査(エキスパート・インタビュー)，現地観察，小サンプルでの試行調査が奨励される．この予備的調査の部分もまさに「フィールドワーク」ということになる．

参考文献

Okamura T. & Channarith R. (2024) : Factors Affecting Behavioral Intention toward Public Transport focusing on Walking Environment and Preference: A case of Phnom Penh City, Proceedings of the Eastern Asia Society for Transportation Studies, **14**

Cakaunitabua U. W. & OKAMURA T. (2019) Parking Management within Central Business District (CBD) Areas in Developing Cities: A Case Study of Lautoka, Fiji Islands, Proceedings of the Asian-Pacific Planning Societies 2019

Ⅳ．まちづくり計画のためのフィールドワーク

12 環境とまちづくりのフィールドワーク

荒巻俊也

12.1　まちづくり計画と環境

本章で対象とする「まちづくり」の計画と「環境」にはどのような関わりがあるであろうか．

一つは，まちで暮らす人びとの生活環境を改善するために，その安全・安心の基盤となるインフラやサービスを提供することである．具体的には水供給や雨水排除，排水処理，廃棄物の収集処理などが該当するが，まちづくりの基盤としてこれらのインフラやサービスの設計や運用について検討が必要である．

二つめは快適な生活環境に関わるものであろう．緑地や水辺などの自然環境の要素をまちのなかで維持，創出していくことが人びとの快適な暮らしにおいて重要となっている．最近は熱環境への配慮などもまちづくりの要素として取り入れられることも出てきているが，これらはまちづくりの計画における要素として取り入れられていることが多い．

最後に挙げるのは環境負荷の削減に関わるものである．これはそのまちで暮らす人びとの自分たちのためのものではなく，地球社会全体への貢献のためのものである．近年はとりわけ気候変動への取り組みが強く求められており，地域における脱炭素化が謳われている．再生可能エネルギーの活用やICT技術を用いた省エネの仕組み，シェアリングサービスの導入による省資源の取り組みなど，これらを効果的に組み合わせたまちづくりが求められている．

このようにまちづくり計画に関連して考慮される「環境」は多様であるが，以降の節では著者が近年実施したフィールドワークについて2つの事例を紹介する．両事例とも最初に挙げたインフラサービスの計画に関わるものであり，水供給および廃棄物収集処分をテーマとしている．

12.2 公共水道の導入による水利用に関する意識の変化

12.2.1 調査の背景と目的

公共水道などの水供給インフラは,先進国では多くの地域で既に整備が終わり,高度化と維持管理が課題となっているが,途上国ではまだ不十分な地域も多い.特に人口の集中が進む大都市圏では慢性的な水不足に悩んでいる地域もあり,迅速かつ適切な水供給システムの整備が主要な課題となっている.適切な整備という観点では,地域住民の水量,水質に対する要求と,水供給に対する支払い可能額を考慮しながら,地域住民にとって最も適切なシステムを選択しなければならない.

調査対象としたハノイ市は人口約650万人のベトナムの首都であるが,急速な人口の流入と経済発展が進んでいる.これまで地下水を水供給の水源としていたが,地盤沈下が深刻な問題となるとともに,地下水のアンモニア性窒素やヒ素による汚染も問題となっており,表流水への転換が課題となっている.近年西部の山岳地帯に河川水を水源とする浄水場を建設して市の一部地域に供給しているが,今後の水需要の増加に対して,新たな表流水源の開発を計画している.

しかし,ハノイ市近辺にある河川上流では近年少雨傾向が続いて渇水が頻発しているとともに,国際河川であること,また水力発電用水としての利用が既に行われていることから,表流水を安定に確保することについてもさまざまな課題がある.よって,水資源の有効利用と適切な水供給インフラの整備が市の発展に向けた重要な要素となっている.

この調査では,ハノイ市において公共水道が導入されていない地域と導入されてまもない地区を対象として水利用の実態および水利用に関する意識の調査を行い,どのように異なっているかを検討することを目的とした.

12.2.2 フィールドワークの方法

同じ市内において,公共水道の普及状況に違いがある地区を抽出して調査を行う必要があること,家庭内での水利用の実態を把握するためには住居内の実際の水利用の状況を観察する必要があること,ベトナム語での聞き取り調査が必要であることから,現地の都市計画分野の研究者および研究協力者の協力を得て,各

家庭に対する訪問調査を実施することとした．また対象家庭の協力を得るために各地区におけるコミュニティリーダーに現地研究者経由で協力を依頼し，調査を実施した．

対象地区として，公共水道が既に導入され水利用に変遷が生じている Mau Long 地区（2017 年度），導入が進みつつある Vin Ninh 地区（2018-2019 年度），導入が始まったばかりの Yen Vien 地区（2019 年度），これから進むものと考えられる Ha Hoi 地区（2018 年度），都心部から離れていて当面公共水道の普及は予定されていない Sai Son 地区（2016 年度）を選び，2016 年〜2019 年にかけて 8 月に調査を実施した．各地区において，おおよそ 60 軒程度の家庭を対象として質問紙調査，水利用状況および簡易水質調査を実施した．質問紙調査では，水利用に対する意識，公共水道への期待や導入前後での認識の変化，公共的水場の利用や管理への参画状況などを尋ねた．

12.2.3 調査結果

図 12.1 は各地区における質問紙調査の結果の一部である．左側の図は普段から節水を意識しているかを尋ねたものである．公共水道が導入されてから暫く経過している ML 地区での意識が高い傾向にあり，現在導入が進んでいる VN 地区や YV 地区が続き，公共水道がいまだ導入されていない HH 地区や SS 地区で低い傾向にあった．それぞれの地区ごとに状況の違いはあるものの，公共水道の導

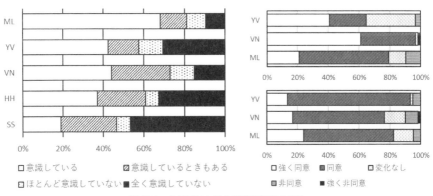

図 12.1 各地区における質問紙調査の結果
（左）普段から節水を意識しているか，（右上）公共水道導入により水量の安定性が改善されたか，（右下）公共水道導入により水質が改善されたか．
ML(Mau Long)，YV(Yen Vien)，VN（Vin Ninh），HH（Ha Hoi），SS（Sai Son）

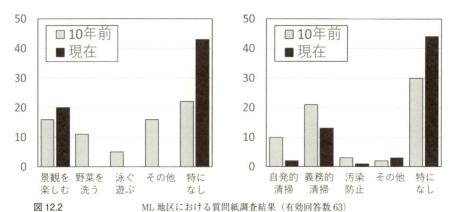

図 12.2 ML 地区における質問紙調査結果（有効回答数 63）
（左）公共的水場の利用の時系列変化，（右）公共的水場の維持管理活動の時系列変化

入に伴う料金徴収が節水意識に影響を与えていることが示唆される．右上および右下の図は公共水道が導入されている3つの地区において，導入後に水量の安定性や水質が改善されたかどうかを問うたものである．水量の安定性，水質ともいずれの地区でも肯定的な意見が多くを占めたが，地区ごとに若干の違いがあった．ハノイ市内では公共水道でも場所によって水源が異なり，また水供給の安定性も異なっており，その状況を反映しているものと考えられた．

図 12.2 は ML 地区の質問紙調査の結果であるが，公共水道導入前後の公共的水場の利用状況および維持管理活動への参加状況の変化を表したものである．導入前は野菜を洗うなど実際的な利用が多かったが，導入後の現在では景観的な利用以外はほとんどなされていない状況であった．また，維持管理のための清掃活動などの参加状況も減っていることが確認された．ほかの地区においても，公共水道の導入に伴い実際的利用が減っている状況が確認されている．

全体的な傾向としては，公共水道の導入による満足度は高い傾向にあり，また未導入の地域においても導入が期待される傾向にあった．ハノイ市域では，地区によって公共水道導入前の水利用状況や水質が異なり，また導入後も供給区域内において水道サービスの状況には差がある状況である．それを反映して，同じように都市化が進行している地区であっても，人々の意識には違いがある部分があった．

また，公共水道の導入に伴い地区における公共的水場の実際的利用が減り，それを維持管理するための活動への参加も減る傾向にあった．一方で，そのような

公共的水場の景観的利用の価値を認め，水場の環境改善に取り組む地区もでてきている．そのようなケースでは自発的な維持管理より，明確な責任体制のもと維持管理が行われている状況も確認された．なお，公共的水場の管理については，伊藤ら（2019）において詳しく考察している．

12.2.4　フィールドワークの成果と意義

フィールドワークを通して，公共水道の導入に伴い地域住民の家庭での水利用や公共的水場の利用，管理にどのような影響を与えているかを議論することができた．急速な都市化が進むハノイ市郊外部の地域において水供給やこれまで利用されてきた公共的水場のあり方を考えるうえで，有用な情報となるものである．

また家庭内での水利用実態について調査を行ったが，公共水道導入後もそれまで利用していた地下水貯留槽を介して利用を行っていたり，地下水と併用して利用したりするなど各家庭で水利用実態は異なっていた．フィールドワークによる現地の状況の把握が各地区における水利用状況の実態を把握するうえで必要な状況であった．

12.3　セーシェルにおける廃棄物問題と市民の意識に関する調査

12.3.1　調査の背景と目的

循環型社会の形成を考えるうえで，離島はその人口規模から効率的なリサイクルシステムを構築するのに不利な環境にある．筆者らは以前伊豆諸島の八丈島を対象とした循環システムの研究を実施したことがあるが，一人当たりごみ排出量が全国平均と比べて 4 割程度大きく，また資源ごみのほとんどが島内で循環できず，島外に移出されている状況であった（白井ら，2015）．

インド洋の島嶼国であるセーシェルは典型的な離島からなる国家である．アフリカ大陸から約 1300km 離れた西インド洋にある大小さまざまな島によって構成されており，人口約 8.6 万人，面積 455km^2 と小規模な国である．首都ヴィクトリアがある最大の島マヘに人口や経済活動が集中しており，ごみの投棄などの問題が主要な産業である観光業にも影響を与えている．

セーシェルは国の成り立ちにも特徴がある．18 世紀半ばにフランスが探検隊を送り込んだのちに領有権を主張した．その後，イギリス，フランスとの間で領

有権が移った後，1976年に独立した．一党独裁の下での社会主義政権を経験した後に1991年以降に複数政党制に移行し，市場も自由化した．このような歴史的経緯から，アフリカ系，アジア系，ヨーロッパ系のさまざまな移民から構成されており，伝統的なコミュニティが形成されておらず，このことがごみの収集も含めてさまざまな住民意識にも影響を与えている．

そこで廃棄物の収集処理処分の現状と課題を探るための調査を実施した．

12.3.2　フィールドワークの方法

住民の廃棄物の排出状況や意識についての調査が十分に行われていないことから，行政，廃棄物処理事業者，NPOへのヒアリング調査とともに，住民に対する質問紙によるインタビュー調査を実施し，廃棄物管理における課題を明確にすることとした．

ヒアリング調査は，環境省や廃棄物管理局など行政当局の担当者，埋立処分場など廃棄物処理処分業務を委託している民間企業，クリーンアップ活動を展開しているNPOの担当者に対して実施した．なお，セーシェルの公用語はクレオール語，フランス語，英語の3つであるが，ヒアリング調査は共同研究者であるセーシェル出身の大学院生とともに実施し，対象者に応じて適切な言語を用いて実施した．

また共同研究者により一般市民へのインタビュー調査を実施した．各家庭を訪問しての調査については同意を得ることに困難が予想されたことから，マヘ市街地中心部のバスターミナル，およびビーチエリアにおいて無作為に市民を選んでインタビューを実施し，43名から回答を得た．43名は男女ほぼ半数ずつであるが，30代から40代の回答者が多くなっており，65%の回答者が独立戸建住宅に住んでいた．なお，いずれの調査も2019年3月に実施した．

12.3.3　調査結果

まず家庭からの廃棄物の収集処分の状況であるが，収集については地区ごとに写真12.1のようなゴミ箱が設置してあり，市民は分別せず随時排出していた．収集された廃棄物はマヘ島中部の海外沿いにある埋立処分場にて処分されているが，処分量が当初の見込みよりも増加しており，埋立量の削減が重要な課題となっていた．剪定枝などの有機系廃棄物の破砕および堆肥化施設が併設されていたが，

12.3 セーシェルにおける廃棄物問題と市民の意識に関する調査

写真 12.1 各地区に設置されたゴミ回収箱

写真 12.2 埋立処分場での有価物の回収

破砕施設の機器が故障して稼働していない状況であった．有機廃棄物だけでなく，さまざまなゴミの破砕を行うことによって埋立量の削減を行うことを検討しているとのことであった．処分場は2つの区画からなり，埋立中の区画を視察したところ，家庭や商業施設からのゴミが直接投棄されている状況が確認された（写真12.2）．ペットボトルやグラスを回収するウェストピッカーも活動をしていたが，食品廃棄物などの生ごみは住居内で処分されていることが多いためかそれほど多くなく，臭気やハエなどについてはそれほど問題となる状況ではなかった．埋立地は海に面しているため，ごみの飛散などがないように埋め立てた後に砂をまいているが，十分な量を撒いているとは言えない状況であった．金属系のものにつ

いては別にヤードを設けて手作業で選別後，スクラップにして他国に輸出されていた．

行政機関へのヒアリング調査では，住民は廃棄物による問題は認識しているものの当事者としての意識や取り組みが不足していることを挙げていた．このことは，先にも述べた複雑な歴史的背景のもとに古くからのコミュニティが形成されていないことも影響を与えており，市民の感情としてごみの問題はコミュニティの問題より国の仕事という意識があることが示唆された．

NPO担当者へのヒアリングでは，これまで学校と提携してのクリーンアップ活動が実施されてきているが，マンパワーや財政的観点からも不十分な状況にあり，今のところ大きな広がりとはなっていないとのことであった．

住民へのインタビュー調査の結果をまとめると，ごみの排出は86％の回答者が地区ごとにある収集ステーションを利用していた．収集ステーションは約半数が徒歩で3分以内の距離にあり，8割以上が5分以内の距離にあるとのことであった．家庭での分別については図12.3に示すように半数以上は全く分別しておらず，4割くらいの家庭は台所ごみをペット用の食事やコンポストに利用するために分けているとのことであった．

自然資源を利用した観光地であることを反映してか環境問題への意識は高い傾向にあり，約60％の回答者はこの地域におけるごみの処分状況なども理解して

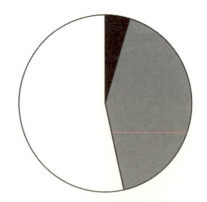

■ 分別（有機性廃棄物，資源化物）
■ 分別（有機性廃棄物のみ）
□ 分別なし

図12.3 家庭での分別の状況

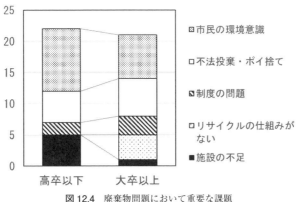

図 12.4 廃棄物問題において重要な課題

おり，88％の回答者がごみの問題の重要性を認識していた．学歴により回答の傾向が異なる項目もあり，例えば廃棄物の問題の重要な課題としてリサイクルの仕組みがないといった問題を挙げている回答者が高学歴層では見受けられた（図12.4）．なお，これらの調査結果は Le Borgne & Aramaki（2019）において詳しく述べている．

12.3.4 フィールドワークの成果と意義

フィールドワークを通して，住民の廃棄物問題についての意識は十分に高いものの，分別などの行動に結びついておらず，行政側のインタビューでも指摘されたような当事者意識の低い状況が確認された．住民が組織化されていない状況にある中で，行政からの効果的な働きかけについて検討するとともに，NPO による意識啓発の取り組みなども検討すべき状況であることが示唆された．

このケースでは，島嶼国で特有の状況にある地域において一次資料やデータが少ない地域であったことからフィールドワークによる現地状況の理解が必須であったと言える．

おわりに

先に示した 2 つの事例においては，対象地域において既存の調査が乏しい状況にあり，フィールドワークにより現地の状況の把握が必要な状況にあった．一方で自然環境や生活環境に関わる項目の多くは時間的に変動するものであり，短期間の現地調査ではその地域における状況を正確に把握できないことも考えられる．よって，可能な限り既に行われている調査の情報を収集して利用することが

必要であるし，また対象とする環境項目によっては複数回の調査を実施するなども必要になろう．12.2 節で紹介した水供給の事例においても，住民が現在利用している水の水質等の調査情報がなかったため，我々のフィールドワークにおいて簡易水質調査を実施し，おおよその状況を把握した．ただ，より正確な状況や課題の把握のためには，この調査では実施できなかったが詳細な水質分析を異なる時期で複数回実施する必要があったものと思われる．

　いずれにしても 12.1 節で示したどのタイプの計画においても，まちづくり計画にあたってはまず，対象地域の自然環境，生活環境の状況を正確に把握し，課題や懸念される事項を明確にすることが求められる．これらは地域ごとに状況が異なるものであり，正確な把握にあたっては必ず現地での確認，つまりフィールドワークが必要になるものである．

参 考 文 献

伊藤智洋，窪田亜矢，レ・クイン・チー，荒巻俊也，能登賢太郎（2019）ハノイ都市集落における共同水場の維持管理に関する研究──井戸と池の多機能性に着目して，日本建築学会計画系論文集，84(762), 1747-1756

白井浩介，栗栖聖，齊藤修，荒巻俊也，花木啓祐（2015）マテリアルフローからみた八丈島の特性評価，環境情報科学学術研究論文集，29, 171-176

Le Borgne, S. & Aramaki, T.（2019）Challenges in waste management faced by an island state ── A case study in Seychelles ──，土木学会第 27 回地球環境シンポジウム講演集，97-102

参考書籍リスト

フィールドワークの手法に関しては，本書以外にも多くの書籍があります．それぞれの研究テーマ，フィールドワークの目的や内容に応じて，ぜひこれらの書籍も紐解いてみてください．

○アジア農村研究会編（2005）『学生のためのフィールドワーク入門』めこん
　本書は，アジア地域を学ぶ学生を念頭においたフィールドワーク入門書である．1992年に学生によって設立されたアジア農村研究会はアジアでの学生向けのフィールド実習を実施してきた．その経験をもとに，フィールドワークの方法論や技術がまとめられている．「マニュアル編」では，調査準備，調査票作成と活用，インタビューなどの個別トピックに関して，具体的な作業手順や実践での留意事項が記されている．続く「実践編」では，アジア各地での調査において，マニュアル編で示した方法や技術が実際の調査でどのように用いられたのか，また，調査の過程で直面した問題とそれへの対処法も示されている．

○岸政彦・石岡丈昇・丸山里美（2016）『質的社会調査の方法──他者の合理性の理解社会学』有斐閣
　社会学における質的調査は，自分たちと直接的な関係のない「他者」の一見「不合理」に見える行動を，なぜそれがその人にとって「合理的なことなのか」を理解，解釈し，記述するためのものだとする．本書は，そうした社会学の質的調査の代表的なものとして，「フィールドワーク」「参与観察」「生活史」の3つの手法をとりあげ，3名の著者のこれまでの研究，調査経験を題材にして，他者を理解するための方法を具体的に示している．

○京都大学大学院アジア・アフリカ地域研究研究科・京都大学東南アジア研究所編（2006）『京大式フィールドワーク入門』NTT出版
　フィールドワークによる研究のプロセス（フィールドでの事実の発見，さまざまなデータの収集・分析，一般化・モデル化，普遍化）に沿って構成されている．若手研究者や大学院生向けとされているが，初心者でも読みやすい．すでに発表された研究論文を題材にして，フィールドワークの実践と，フィールドワークで収集したデータを用いて最

終的に論文をどのように組み立てるのかというプロセスが示されている.

○佐藤郁哉（2002）『フィールドワークの技法——問いを育てる仮説をきたえる』新曜社
『フィールドワーク：書を持って街へ出よう』の続編として位置づけられている. 現場調査の意義は「生の資料」の収集ということにとどまらず，さまざまなタイプの資料をつきあわせながら，調査を通じて検討していくべき問題の本質を明らかにすること，すなわち，問題の関係性を整理し「構造化」する作業であるとする. 著者が学生時代におこなった暴走族や現代演劇を対象としたフィールドワークの体験談を題材に，具体的なフィールドワークの方法論が示されている.

○佐藤郁哉（2002）『組織と経営について知るための実践フィールドワーク入門』有斐閣
フィールドワークとは何か，なぜフィールドワークか，どのようにするのかに関して順を追って理解を深めることで，フィールドワークという方法論の体系の理解が可能なことを示している. 各章でフィールドワークに関連するキーワードが示されている. 一般読者から学生，研究者，教員まで，活用しやすい内容となっている.

○佐藤郁哉（2006）『フィールドワーク：書を持って街へ出よう（増訂版）』新曜社
本書は，一般の読者，大学生，大学院生，研究者，社会調査専門家と幅広い読者を想定しつつ，フィールドワークについて技法や方法のあらましとその背景にある基本的な考えを丁寧に説明している. フィールドワークの歴史から始まり，フィールドワークの論理と実際，そしてツールに関して，わかりやすく記述されている.

○武田丈，亀井伸孝編（2008）『アクション別フィールドワーク入門』世界思想社
本書は，狭義の「フィールドワーク（調査・情報収集）」には収まりきらない，フィールドの人びとへのより積極的な関与を「ふみだす」,「まきこまれる」,「分かちあう」,「教える」,「創る」,「手伝う」,「のぞむ」,「行き来する」の８つに分類し，多分野の執筆者による多様な経験を紹介している.

○床呂郁哉編（2015）『人はなぜフィールドに行くのか——フィールドワークへの誘い——』東京外国語大学出版会
「研究者がなぜフィールドワークに行くのか？」「どのような意味があるのか？」「何の役に立つのか？」という，フィールドワークの根源的な問いに答えようとする書である. カナダ，タイ，マダガスカル，インドネシア，東アフリカなど世界各地でフィール

ドワークを行ってきた 13 人の筆者らが，それぞれの調査体験に基づき，フィールドワークの意義と重要性を問い直している．

○新原道信編（2022）『人間と社会のうごきをとらえるフィールドワーク入門』ミネルヴァ書房

　本書は，これからフィールドワークを始めようとする人に向けて，人間と社会を理解するためのフィールドワークの面白さを伝えようとしている．フィールドワークとは，「あるき・みて・きいて・よみ・しらべ・ふりかえり・ともに考え・かく」というプロセスであるとする．その上で，フィールドワークがどういった問いをもち，どのようなプロセスを経て行われるのかを，研究者や学生が行った，新宿の路地や立川の団地，マニラのボクシングキャンプ，ニューヨークのストリートなど国内外の様々な地域での調査事例を通じて示している．

○日本文化人類学会監修，鏡味治也，関根康正，橋本和也，森山工編（2011）『フィールドワーカーズ・ハンドブック』世界思想社

　文化人類学にとってフィールドワークは人々と出会い，他者の存在を肌で感じることであり，人間というものを考える学問的営みそのものといえる．本書では，こうした文化人類学者のフィールドワークにおける出会いや発見に向けての，必要な段取りや，現場へのアプローチといった準備段階からインタビューの方法，資料の整理，統合の方法，さらには論文に仕上げるコツなどについて，具体的・実践的に示している．

○箕浦康子編著（1999）『フィールドワークの技法と実際：マイクロ・エスノグラフィー入門』ミネルヴァ書房

　フィールドワークで集めたデータをもとに，研究者が現時点での理解にどのように辿りついたかを忠実に記述するのがエスノグラフィーであると著者は述べる．そのうえで，初心者に適したエスノグラフィーの記述方法を指南してくれる書である．筆者の授業をわかりやすくまとめた技法編とフィールドワークの技法について，ゼロから手ほどきを受けた学生が書いたエスノグラフィーを収録している．

○箕浦康子編著（2009）『フィールドワークの技法と実際Ⅱ：分析・解釈編』ミネルヴァ書房

　『フィールドワークの技法と実際：マイクロ・エスノグラフィー入門』の続編として出版された本書は，フィールドワークで集めたフィールドノーツをどのように分析・解釈するのかについて解説している．論理実証主義の枠組みで分析・解析を実施する心理学系の質的研究とは異なり，本書でとりあげられているのは解釈的もしくは批判的アプ

ローチである．それらのアプローチの特色を伝統的な研究方法論との対比で論じている．また，実践例として，研究者が，研究を仕上げる過程でどのようにリサーチクエスチョンが変化させていったか，あるいは，データ分析プロセスで直面した問題とそれへの対処法など，モノグラフや論文には書かれることのない研究成果の裏側を紹介している．

○宮本常一・安渓遊地（2024）『調査されるという迷惑　増補版』みずのわ出版

　　1930年代から日本各地で数多くのフィールドワークを行った民俗学者，宮本の「調査地被害」に関する論考をてがかりに，安渓自身の調査経験や調査地の人々の声も紹介しつつ，フィールドワークが調査対象の地域社会や人間関係，資源を収奪する調査になりかねないことを理解させてくれる．フィールドワークに出る前に必読の書である．

○李仁子，金子美和，佐藤和久編（2008）『はじまりとしてのフィールドワーク：自分がひらく，世界がかわる』昭和堂

　　本書は文化人類学者がどのようにフィールドを選択し，フィールドワークを「はじめる」かという段階と，フィールドワーク中に思い悩む迷いの段階，そして，フィールドワークを終え，調査地を去った後に至るまでの3つの段階に分けて構成されている．とらえどころのないフィールドの「現実」と，何かをとらえた結果として書かれる「論文」とのあいだに埋もれがちな，フィールドワークによって，フィールドワーカーの先入観がいかに修正されるのかというまさに人類学的な経験が，12人の人類学者の実体験によって示されている．

○山口富子編著（2023）『インタビュー調査方法入門：質的調査実習の工夫と実践』ミネルヴァ書房

　　質的調査，とくにインタビュー調査を初めて行う人向けに，研究のステップを独学で学べるように編まれている．インタビュー法とは学術的な問いの答えを導きだすという目的を持ち情報収集の形式や手順が決まっているという点で日常会話とは異なる意味を持つ．インタビュー法には，構造化，半構造化，構造化という異なる特徴をもついくつかの技法があるが，本書は半構造化インタビュー法に焦点を当てている．筆者らの専門である社会学分野の調査事例を用いつつ，質的調査のポイントをわかりやすく提示している．

あとがき

　東洋大学国際共生社会研究センターとして10冊目の書籍となる本書は，センターに所属する研究員が得意とする分野のフィールドワークを題材に，フィールドワーク初心者のためのガイドとなるようなものを目指したものでした．本書がその目的を果たし，多くの読者が実際にフィールドワークに取り組まれることを期待しています．

　本書の最後に，「研究でフィールドワークをしたい」と考えている読者の皆さんに心にとめておいてほしいことを2つお願いしておきたいと思います．

　1つめは，よいフィードワークをすることが目的ではなく，『良いフィールドワークから得られたデータを基に良い研究をすることが目的』と言うことを忘れないでほしいということです．フィールドワークの初心者には，フィールドワークをして満足をしてしまうというようなことがしばしば見うけられます．フィールドワークの先にある本来の目的を忘れないでください．

　2つめは，『フィールドワークで知りえることに限界がある』ということも忘れないでほしいということです．あなたがフィールドで出会った人びとと素晴らしい関係を築いたり，まちの作りをどれほど詳細に観察したとしても，すべてを知ることはできません．あなたが知りえたものや見たものは，あなたというフィルターを通した一つの側面でしかないことを忘れずに，フィールドワークで得た情報以外の多くの情報も大切にしてください．

　フィールドワークは，より良い研究成果を得るための一つの手段なのです．本書がその手段をよりよくし，より良い研究を進めていくことに少しでも役立つのであれば，執筆者一同，望外の喜びです．

　本書を出版するにあたり，朝倉書店編集部には多大な協力をいただきました．また，本書の出版にかかる費用の一部は，東洋大学重点研究推進プログラム「レジリエントな社会に向けたSDGsの包摂的実現に関する研究」の資金を活用しました．記して謝意を表します．

　　　　東洋大学重点研究推進プログラム
　　　　　レジリエントな社会に向けたSDGsの包摂的実現に関する研究
　　　　東洋大学国際共生社会研究センター　センター長　　　　　　松丸　　亮

索　引

欧　文

CAQDAS……………………………85

e-Stat……………………………58, 113
EU 一般データ保護規則………………83

GDPR………………………………83
GIS…………………………………111
GTA…………………………………84

ID カード……………………………46

MDSD（Most Different System Design）……78
MSSD（Most Similar System Design）………78

OpenStreetMap……………………111

PLATEAU……………………………111

RESAS………………………………39

SCAT……………………………84, 105
SDGs…………………………………99
Steps for Coding and Theorization………105

Thematic Analysis……………………84

White Paper…………………………59

ア　行

アクション・リサーチ………………8
アプリケーション……………………11

アンケート調査……………7, 72, 119, 124

意思決定……………………………121
依頼状……………………………60, 61
インタビュー……25, 40, 60, 62, 66, 76, 81, 86,
　101, 102, 103, 106
　——の時間…………………………104
インフォームド・コンセント…………14

ウェブスクレイピング…………………72

エキスパート・インタビュー………128, 130
エスノグラフィー……………………22, 42
江戸切絵図……………………………118

応用可能性……………………………80
オープンエンド・インタビュー…………4
オーラル・ヒストリー………………5, 62
オンライン……………………………7
オンライン・インタビュー……………104

カ　行

介入型調査……………………………8
学術的な問い…………………………2
仮説形成法……………………………3
仮説検証法……………………………3
仮想的な状況下………………………125
環境負荷………………………………131

聞き取り調査…………………………128
基盤地図情報…………………………111
客観的データ…………………………25
行政……………………………………56
行政機関………………………………58

索　引　147

共同体·····················34
許可（調査の）·············13, 91

グラウンデッド・セオリー··········84
クロスセクションデータ···········122

経済構造実態調査·············113
経済センサス···············113
ケーススタディ·············90
研究倫理·················13, 86
　　──の遵守················82
研究倫理規程···············103
検者間信頼性···············86
建築着工統計調査·············113

合意形成プロセス·············66
郊外社会·················36
公共交通·················124
公共水道·················132, 134
公共的水場···············133, 134
構造化インタビュー············5, 102
交通計画·················120
行動···················123
高度経済成長···············35
国際比較研究··············76, 81
国勢調査·················113
国土地理院···············110
国民生活基礎調査·············113
子育て·················76, 81
コーディング··············85, 105
子どもへの調査·············52
コミュニティ···············34

サ　行

座学···················9
サーベイ型調査············6, 89
サーベイ型農村調査···········89
三角測量·················104
サンプル数···············73, 83, 86
サンプル調査···············90
参与観察·················2

時系列データ···············122
市勢要覧·················66, 115
自然環境·················131, 140
持続可能な開発目標············99
市町村合併···············39
市町村史·················116
市町村の都市計画に関する基本的な方針
·····················115
市町村マスタープラン···········115
悉皆調査·················90
実証的方法················3
質的研究·················100, 103, 105
質的調査の分析方法···········86
質的データ···············25
質的データ分析ソフトウェア········85
質問項目················5
質問紙··················5
質問紙調査···············101, 102
質問票··················60
市民権のない無国籍状態··········46
社会運動·················37
集計データ···············121
修正 GTA················84
住宅・土地統計調査············113
住民意識·················136
住民参加·················66
重要度··················123
主観（フィールドワーカーの）·······32
主観的評価···············123
循環型社会···············135
冗長性··················83
情報収集·················58
事例研究·················80, 90
信頼関係·················50, 103

ストーリーライン·············105
スノーボール・サンプリング········74, 102

生活環境·················131, 140
政策課題·················56, 58
静的データ···············122
政府統計の総合窓口············58, 113

選好······123
全国道路・街路交通情勢調査······114
ゼンリン住宅地図······111

総合計画······59, 66, 116
総合戦略······59, 66, 116
相続税路線価······113
遡及可能性······80, 83
村落共同体······37

タ 行

第1次集団······37
大都市交通センサス······114
第2次集団······37
タブー······29
多文化共生政策······63, 64
誰一人取り残さない······99
単一・少数事例······80

地域経済分析システム······39
地域づくり······110
地価公示······113
地区の来歴······116
地方自治体······56, 58
中央省庁······56
駐車······127
調査期間······9
調査許可······13, 91
調査先の選択······63
調査設計······13
調査対象······60
調査対象自治体の選定······64
調査対象者の選定······92
調査地······10
調査ツール······12
調査票······5, 90
調査ロジスティックス······13
調査を行う時期と時間（帯）······91
地理院地図······111
地理情報システム······111

追跡可能性······80, 83, 84
通訳······25

定量的······6
データ・クリーニング······17
デプス・インタビュー······4
テーマ分析法······84
電子国土 Web······111

問い······88
同意書······103
統計データ······58
当事者意識······138, 139
当事者研究······108
動的データ······122
都市計画······110, 120
都市計画基礎調査······112
都市コミュニティ······37
都道府県地価調査······113
トライアンギュレーション······104

ナ 行

認知······123

農村社会······88
農村地域の経済······88
農村調査······89
ノリの地図······112

ハ 行

廃棄物管理······136
白書······59
外れ値······75
半構造化インタビュー······6, 102, 103
反証可能性······80

ヒアリング先機関の選定······64
ヒアリング調査······60, 119
非営利組織······37
比較教育学······100

比較研究 …………………………………… 79
非構造化インタビュー ………………… 4, 103
非集計データ ……………………………… 121

フィールドノート ………………… 16, 30, 41
フェノロジーカレンダー ………………… 116
フォーカス・グループ・ディスカッション 5
不可量部分 ………………………………… 42
福祉国家 …………………………………… 79
プライバシーの確保 ……………………… 52
文化相対主義 ……………………………… 51
分別 ………………………………… 136, 138

ベースマップ ……………………………… 110
ベンガリー ………………………………… 45

飽和度 ……………………………………… 83
北欧 ………………………………………… 76
歩行環境 …………………………………… 124

マ 行

マイクロファイナンス …………………… 93
まちづくり ………………………………… 110
マリノフスキ ……………………………… 38
満足度 ……………………………………… 123

水利用 ……………………………………… 132
未発のコミュニティ ……………………… 43
民族誌 ……………………………… 22, 42

文字起こし ………………………………… 105
モノグラフ ………………………………… 42
問題発見法 ………………………………… 3

ヤ 行

柳田国男 …………………………………… 35

予備調査 …………………………… 4, 82, 86

ラ 行

ライフ・ヒストリー ……………………… 11
ラポール …………………………… 50, 103
ランダム化比較試験 ……………………… 8
ランダム・サンプリング ………………… 74

リーサス …………………………………… 39
リサーチ・クエスチョン ………… 3, 24, 89
リサーチ・デザイン ……………………… 9
利用意向 …………………………………… 122
量的研究 …………………………………… 100
量的調査 …………………………………… 123
量的データ ………………………………… 25
理論記述 …………………………… 105-107
倫理審査 …………………………………… 82
倫理的配慮 ………………………………… 50

労働力調査 ………………………………… 113

フィールドワークで世界を見る　　　定価はカバーに表示

2024 年 9 月 1 日　初版第 1 刷

編　者　東洋大学国際共生
　　　　社会研究センター

発行者　朝　倉　誠　造

発行所　株式会社　朝　倉　書　店

東京都新宿区新小川町 6-29
郵 便 番 号　162-8707
電　話　03(3260)0141
FAX　03(3260)0180
https://www.asakura.co.jp

〈検印省略〉

Ⓒ 2024 〈無断複写・転載を禁ず〉　　　　新日本印刷・渡辺製本

ISBN 978-4-254-18066-4　C 3040　　　Printed in Japan

JCOPY ＜出版者著作権管理機構　委託出版物＞

本書の無断複写は著作権法上での例外を除き禁じられています．複写される場合は，
そのつど事前に，出版者著作権管理機構（電話 03-5244-5088，FAX 03-5244-5089，
e-mail: info@jcopy.or.jp）の許諾を得てください．

パンデミック時代のSDGsと国際貢献 ―2030年のゴールに向けて―

東洋大学国際共生社会研究センター (監修)

A5判／164頁　978-4-254-18061-9　C3040　定価2,970円（本体2,700円＋税）

SDGsに沿った国際貢献・国際開発は、Withコロナ時代にどう展開していくべきか、フィールドでの実例を交えて解説。〔内容〕SCM／自然災害／統合水資源管理／公衆衛生／節水型農業／次世代育成／CSO／性役割態度／ICT

国際貢献とSDGsの実現 ―持続可能な開発のフィールド―

東洋大学国際共生社会研究センター (監修)

A5判／180頁　978-4-254-18055-8　C3040　定価3,080円（本体2,800円＋税）

SDGsをふまえた国際貢献・国際開発を，実際のフィールドでの取り組みから解説する。〔内容〕SDGs実現への課題と枠組／脱貧困／高等教育／ICT／人材育成／社会保障／障害者支援／コミュニティ／水道／クリーンエネルギー／都市化。

持続可能な開発目標と国際貢献 ―フィールドから見たSDGs―

東洋大学国際共生社会研究センター (編)

A5判／180頁　978-4-254-18053-4　C3040　定価3,080円（本体2,800円＋税）

国連が採択した「持続可能な開発目標（SDGs）」をふまえた国際開発のあり方を実例とともに解説。〔内容〕経済開発／ソーシャルビジネス／都市開発／環境への貢献／防災／女性のエンパワーメント／観光開発／アフリカの開発／農業と技術／他

国際開発と内発的発展 ―フィールドから見たアジアの発展のために―

東洋大学国際共生社会研究センター (監修)

A5判／184頁　978-4-254-18049-7　C3040　定価3,080円（本体2,800円＋税）

アジアの内発的発展と共生を東日本大震災の教訓も混じえて解説。〔内容〕国際協力／BOPビジネス／防災／エネルギー環境問題／復興過程／社会福祉／ジェンダー／被災地観光／地域交通／NGO／脱貧困／国際移民／ソーシャルビジネス

国際開発と環境 ―アジアの内発的発展のために―

東洋大学国際共生社会研究センター (監修)

A5判／168頁　978-4-254-18039-8　C3040　定価2,970円（本体2,700円＋税）

アジアの発展と共生を目指して具体的コラムも豊富に交えて提言する。〔内容〕国際開発と環境／社会学から見た内発的発展／経済学から見た～／環境工学から見た～／行政学から見た～／地域開発学から見た～／観光学から見た～／各種コラム

上記価格は2024年7月現在